#빠르게
#상위권맛보기
#2주+2주_완성
#어려운문제도쉽게

초등
일등전략

Chunjae
Makes
Chunjae

▼

[일등전략] 초등 수학 5-1

기획총괄   김안나
편집개발   이근우, 김정희, 서진호, 김현주, 최수정,
              김혜민, 박웅, 김정민, 최경환
디자인총괄 김희정
표지디자인 윤순미, 심지영
내지디자인 박희춘, 이혜미
제작   황성진, 조규영

발행일   2022년 12월 1일 초판 2022년 12월 1일 1쇄
발행인   (주)천재교육
주소   서울시 금천구 가산로9길 54
신고번호   제2001-000018호
고객센터   1577-0902

일등전략

BOOK1

약수와 배수

약분과 통분

분수의 덧셈과 뺄셈

초등 **수학**

5·1

이 책의 구성과 특징

도입 만화

이번 주에 배울 내용의 핵심을 만화 또는 삽화로
제시하였습니다.

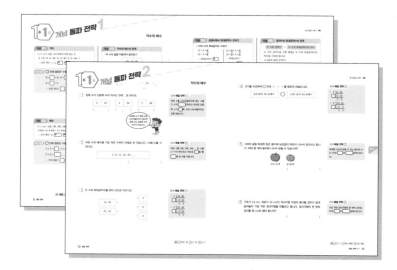

개념 돌파 전략 1, 2

개념 돌파 전략1에서는 단원별로 개념을 설명하고
개념의 원리를 확인하는 문제를 제시하였습니다.
개념 돌파 전략2에서는 개념을 알고 있는지 문제로
확인할 수 있습니다.

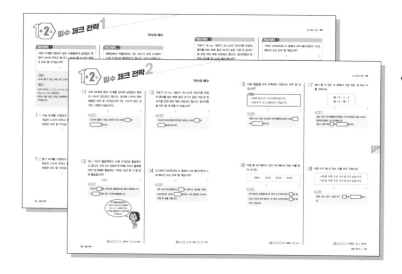

필수 체크 전략 1, 2

필수 체크 전략1에서는 단원별로 나오는 중요한
유형을 반복 연습할 수 있도록 하였습니다.
필수 체크 전략2에서는 추가적으로 나오는 다른
유형을 문제로 확인할 수 있도록 하였습니다.

주 마무리 평가

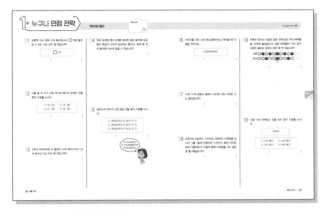

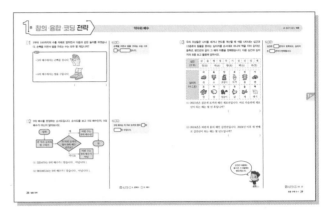

누구나 **만점 전략**

누구나 만점 전략에서는 주별로 꼭 기억해야 하는 문제를 제시하여 누구나 만점을 받을 수 있도록 하였습니다.

창의·융합·코딩 **전략**

창의·융합·코딩 전략에서는 새 교육과정에서 제시하는 창의, 융합, 코딩 문제를 쉽게 접근할 수 있도록 하였습니다.

마무리 코너

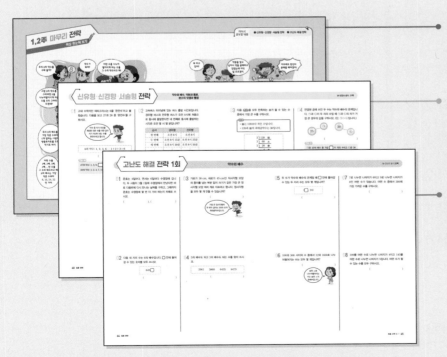

1, 2주 마무리 **전략**

마무리 전략은 이미지로 정리하여 마무리할 수 있게 하였습니다.

신유형·신경향·서술형 **전략**

신유형·신경향·서술형 전략은 새로운 유형도 연습하고 서술형 문제에 대한 적응력도 올릴 수 있습니다.

고난도 해결 **전략 1회, 2회**

실제 시험에 대비하여 연습하도록 고난도 실전 문제를 2회로 구성하였습니다.

이 책의 차례

1~2주 l 마무리

약수와 배수, 약분과 통분, 분수의 덧셈과 뺄셈　58쪽

1주 약수와 배수

우리 반은 모두 정류장으로 나갔어요.
고아원까지 가는 버스는 30분마다 있고, 양로원까지 가는 버스는 20분마다 있어요.
11시에 두 버스가 동시에 출발했네요. 다음번에 우리가 동시에 출발하려면 몇 시에 버스를 타야 할까요?

우리는 공배수를 구해 보려고 했지만 쉽지가 않았어요.
선생님은 최소공배수를 이용해서 알아보라고 하셨어요.
30과 20의 최소공배수는 60이니까 11시에서 60분 후인 12시에 두 버스를 동시에 탈 수 있어요.

우리 반은 12시에 고아원팀과 양로원팀으로 나눠서 출발했어요.
우리 모둠은 귀여운 아이들과 하루 종일 신나게 놀았어요.
정말 즐거운 시간이었어요.

1주 1일 개념 돌파 전략 1

개념 01 약수

- 6의 약수: 6을 나누어떨어지게 하는 수

$6 \div 1 = 6$, $6 \div 2 = 3$, $6 \div 3 = 2$, $6 \div 6 = 1$

⇨ 6의 약수: 1, 2, ❶ , ❷

확인 01 ☐ 안에 알맞은 수를 써넣으시오.

$8 \div \boxed{} = 8$, $8 \div \boxed{} = 4$, $8 \div \boxed{} = 2$,

$8 \div \boxed{} = 1$

⇨ 8의 약수: $\boxed{}$, $\boxed{}$, $\boxed{}$, $\boxed{}$

개념 02 배수

- 6의 배수: 6을 1배, 2배, 3배, ... 한 수

$6 \times 1 = 6$, $6 \times 2 = 12$, $6 \times 3 = 18$, ...

⇨ 6의 배수: 6, ❶ , ❷ , ...

확인 02 ☐ 안에 알맞은 수를 써넣으시오.

$7 \times 1 = \boxed{}$, $7 \times 2 = \boxed{}$,

$7 \times 3 = \boxed{}$, ...

⇨ 7의 배수: $\boxed{}$, $\boxed{}$, $\boxed{}$, ...

개념 03 약수와 배수의 관계

- 두 수의 곱을 이용하여 알아보기

$$21 = 1 \times 21$$
$$21 = 3 \times 7$$

(1) 21은 1, 3, 7, 21의 배수입니다.

(2) 1, 3, 7, 21은 ❶ 의 약수입니다.

- 여러 수의 곱으로 나타내어 알아보기

$$18 = 1 \times 18 \qquad 18 = 6 \times 3$$
$$18 = 2 \times 9 \qquad 18 = 2 \times 3 \times 3$$

(1) 18은 1, 2, 3, 6, 9, 18의 배수입니다.

(2) 1, 2, 3, 6, 9, 18은 ❷ 의 약수입니다.

확인 03 ☐ 안에 알맞은 말을 써넣으시오.

$$20 = 5 \times 4$$

20은 5와 4의 $\boxed{}$ 이고,

5와 4는 20의 $\boxed{}$ 입니다.

> 곱셈식에서 곱하는 두 수는 계산 결과의 약수가 되고, 계산 결과는 두 수의 배수가 됩니다.

개념 **04** 곱셈식에서 최대공약수 구하기

• 12와 18의 최대공약수 구하기

$12 = 2 \times 6$
$18 = 3 \times 6$
⇨ 최대공약수: **❶**

$12 = 2 \times 2 \times 3$
$18 = 2 \times 3 \times 3$
⇨ 최대공약수:
$2 \times 3 =$ **❷**

확인 **04** ☐ 안에 알맞은 수를 써넣으시오.

$16 = 2 \times 2 \times 2 \times$ ☐

$20 = 2 \times 2 \times$ ☐

⇨ 최대공약수: $2 \times$ ☐ $=$ ☐

개념 **05** 공약수로 나누어 최대공약수 구하기

• 27과 45의 최대공약수 구하기

두 수를 모두 나누어 →
떨어지게 하는 수를
찾습니다.

$\begin{array}{r} 3 \overline{\smash{)}\ 27 \quad 45} \\ 3 \overline{\smash{)}\ 9 \quad 15} \\ 3 \quad 5 \end{array}$

⇨ 최대공약수: $3 \times$ **❶** $=$ **❷**

확인 **05** ☐ 안에 알맞은 수를 써넣으시오.

$\begin{array}{r} \boxed{} \overline{\smash{)}\ 20 \quad 30} \\ \boxed{} \overline{\smash{)}\ 10 \quad 15} \\ 2 \quad 3 \end{array}$

⇨ 최대공약수: ☐ $\times$ ☐ $=$ ☐

개념 **06** 공약수와 최대공약수의 관계

| 두 수의 공약수 | = | 두 수의 최대공약수의 약수 |

두 수의 공약수를 구할 때에는 두 수의 최대공약수의
약수를 구하면 됩니다.

㉎ (24와 36의 공약수)

= (24와 36의 최대공약수의 **❶**)

= (12의 약수) ⇨ 1, 2, 3, 4, 6, **❷**

확인 **06** 최대공약수를 이용하여 두 수의 공약수를 모두 구하시오.

수	최대공약수	공약수
16, 24	8	

개념 **07** 최대공약수의 활용

다음과 같은 표현이 있으면 최대공약수를 구하기

가장 큰, 최대한, 될 수 있는 대로 많이(크게, 길게)	최대
똑같이 나누어, 똑같이 자르려면(나누려면)	공약수

㉎ 공책 4권과 연필 6자루를 똑같이 나누어 줄 때 최대
로 나누어 줄 수 있는 사람은 몇 명입니까?

4와 6의 최대공약수: **❶**

⇨ 최대 **❷** 명에게 나누어 줄 수 있습니다.

확인 **07** 스케치북 6권과 색연필 9자루를 최대한 많은 학생들에게 남김없이 똑같이 나누어 주려고 합니다. 최대 몇 명의 학생에게 나누어 줄 수 있습니까?

( )

개념 08 곱셈식에서 최소공배수 구하기

- 12와 15의 최소공배수 구하기

$12 = 4 \times 3$ $12 = 2 \times 2 \times 3$
$15 = 5 \times 3$ $15 = 3 \times 5$

⇨ 최소공배수: ⇨ 최소공배수:
$\boxed{❶} \times 5 \times 3 = 60$ $\boxed{❷} \times 2 \times 3 \times 5 = 60$

확인 08 □ 안에 알맞은 수를 써넣으시오.

$12 = 2 \times 2 \times \boxed{}$

$14 = 2 \times \boxed{}$

⇨ 최소공배수: $2 \times 2 \times 3 \times \boxed{} = \boxed{}$

개념 09 공약수로 나누어 최소공배수 구하기

- 16과 36의 최소공배수 구하기

두 수를 나눈 다음 → 2) 16 36
모든 수를 곱합니다.   2) 8 18
                        × 4 × 9

⇨ 최소공배수: $2 \times 2 \times 4 \times \boxed{❶} = \boxed{❷}$

확인 09 □ 안에 알맞은 수를 써넣으시오.

3) 15 30
□) 5 10
        1 □

⇨ 최소공배수: $3 \times \boxed{} \times 1 \times \boxed{} = \boxed{}$

개념 10 공배수와 최소공배수의 관계

$\boxed{\text{두 수의 공배수}} = \boxed{\text{두 수의 최소공배수의 배수}}$

두 수의 공배수를 구할 때에는 두 수의 최소공배수의 배수를 구하면 됩니다.

㉤ (6과 8의 공배수)
= (6과 8의 최소공배수의 $\boxed{❶}$)
= (24의 배수) ⇨ 24, 48, $\boxed{❷}$, …

확인 10 최소공배수를 이용하여 두 수의 공배수를 3개 구하시오.

수	최소공배수	공배수
4, 5	20	

개념 11 최소공배수의 활용

다음과 같은 표현이 있으면 최소공배수를 구하기

가장 작은, 될 수 있는 대로 적은(작은)	최소
늘어놓아, 만나는, 같이 찍히는, 동시에, 며칠 후	공배수

㉤ 안나는 2일마다, 근우는 3일마다 도서관을 갑니다. 오늘 두 사람이 함께 도서관을 갔다면 바로 다음번에 두 사람이 함께 도서관을 가는 날은 며칠 후입니까?

2와 3의 최소공배수: $\boxed{❶}$

⇨ 바로 다음번에 두 사람이 함께 도서관을 가는 날은 $\boxed{❷}$ 일 후입니다.

확인 11 정희는 4일마다, 윤호는 6일마다 운동을 합니다. 오늘 두 사람이 함께 운동을 했다면 바로 다음번에 두 사람이 함께 운동을 하는 날은 며칠 후입니까?

(   )

답 개념 08 ❶4 ❷2 개념 09 ❶9 ❷144

답 개념 10 ❶배수 ❷72 개념 11 ❶6 ❷6

개념 12 배수 판별법

- **2의 배수**: 일의 자리 숫자가 0, 2, 4, 6, 8인 수

  예 14 ⇨ 일의 자리 숫자가 4

- **3의 배수**: 각 자리 숫자의 합이 3의 배수인 수

  예 102 ⇨ 1+0+2=3은 ❶ 의 배수

- **4의 배수**: 오른쪽 끝 두 자리 수가 00이거나 4의 배수

  인 수

  예 112 ⇨ 12는 4의 배수

- **5의 배수**: 일의 자리 숫자가 0 또는 5인 수

  예 120 ⇨ 일의 자리 숫자가 ❷

- **6의 배수**: 각 자리 숫자의 합이 3의 배수이면서 짝수인 수

  예 132 ⇨ 1+3+2=6은 3의 배수이면서 짝수

- **9의 배수**: 각 자리 숫자의 합이 9의 배수인 수

  예 234 ⇨ 2+3+4=9는 9의 배수

확인 12 주어진 배수인 수에 ◯표 하시오.

(1) | 3의 배수 | 143 268 957 |

(2) | 5의 배수 | 491 683 725 |

(3) | 9의 배수 | 392 576 814 |

3, 5, 9의 배수 판별법을
이용하여 각각 배수인지,
배수가 아닌지
확인합니다.

개념 13 공약수로 어떤 수 구하기

■를 ●로 나누었을 때 나머지가 ★이고,
▲를 ●로 나누었을 때 나머지가 ★일 때
⇨ ●는 (■-★)과 (▲-★)의 공약수

예 8과 11을 어떤 수로 나누었더니 나머지가 모두 2였
습니다. 어떤 수 중 가장 큰 수는 얼마입니까?
8-2=6과 11-2=9가 어떤 수로 나누어떨어지
므로 어떤 수는 6과 ❶ 의 공약수입니다. 어떤 수
중 가장 큰 수는 최대공약수이므로 ❷ 입니다.

확인 13 11과 15를 어떤 수로 나누었더니 나머지가 모두 3이었습니다. 어떤 수 중 가장 큰 수는 얼마입니까?

(   )

개념 14 공배수로 어떤 수 구하기

■를 ▲로 나누었을 때 나머지가 ★이고,
■를 ●로 나누었을 때 나머지가 ★일 때
⇨ ■는 ▲와 ●의 공배수보다 ★만큼 더 큰 수

예 3 또는 4로 나누면 나머지가 모두 2인 두 자리 수
중 가장 작은 수는 얼마입니까?
(어떤 수)-2가 3과 4로 나누어떨어지므로
(어떤 수)-2는 3과 4의 공배수입니다.
3과 4의 최소공배수는 12이고, 어떤 수 중 가장 작은
수는 ❶ 보다 2만큼 더 큰 수인 ❷ 입니다.

확인 14 4 또는 5로 나누면 나머지가 모두 1인 두 자리 수 중 가장 작은 수는 얼마입니까?

(   )

01 왼쪽 수가 오른쪽 수의 약수인 것에 ○표 하시오.

3	16		4	30		7	56

(   )   (   )   (   )

오른쪽 수가 왼쪽 수로 나누어떨어지지 않으면 왼쪽 수는 오른쪽 수의 약수가 아닙니다.

문제 해결 전략 1

어떤 수를 나누어떨어지게 하는 수를 그 수의 ☐☐☐(이)라고 하므로 오른쪽 수가 ☐쪽 수로 나누어떨어지는 것을 찾습니다.

02 어떤 수의 배수를 가장 작은 수부터 차례로 쓴 것입니다. 15째 수를 구하시오.

$$4,\ 8,\ 12,\ 16,\ 20,\ \ldots$$

(   )

문제 해결 전략 2

어떤 수를 1배, 2배, 3배, ... 한 수를 그 수의 배수라고 하므로 ☐을/를 ☐배 한 수를 구합니다.

03 두 수의 최대공약수를 찾아 선으로 이으시오.

| 16, 20 | • |

• | 4 |

| 27, 45 | • |

• | 6 |

• | 9 |

문제 해결 전략 3

- 2) 16 20
  ☐) 8 10
       4   5

- 3) 27 45
  ☐) 9 15
       3   5

답 1 약수, 왼 2 4, 15 3 2, 3

04 크기를 비교하여 ○ 안에 >, =, <를 알맞게 써넣으시오.

| 8과 20의 최소공배수 | ○ | 12와 18의 최소공배수 |

05 사과와 귤을 최대한 많은 봉지에 남김없이 똑같이 나누어 담으려고 합니다. 최대 몇 개의 봉지에 나누어 담을 수 있습니까?

사과 45개   귤 60개

(   )

06 가로가 24 cm, 세로가 30 cm인 직사각형 모양의 종이를 겹치지 않게 늘어놓아 가장 작은 정사각형을 만들려고 합니다. 정사각형의 한 변의 길이를 몇 cm로 해야 합니까?

(   )

1주

답 4 2, 3   5 60, 최대   6 30, 최소

핵심 예제 ①

사탕 24개를 5명보다 많은 사람들에게 남김없이 똑같이 나누어 주려고 합니다. 나누어 줄 수 있는 방법은 모두 몇 가지입니까?

(   )

전략

나누어 줄 수 있는 사람 수는 24의 약수입니다.

풀이

24의 약수는 1, 2, 3, 4, 6, 8, 12, 24이고 이 중에서 5보다 큰 수는 6, 8, 12, 24입니다.
따라서 6명, 8명, 12명, 24명에게 나누어 줄 수 있으므로 모두 4가지입니다.

답 4가지

1-1 구슬 36개를 10명보다 많은 사람들에게 남김없이 똑같이 나누어 주려고 합니다. 나누어 줄 수 있는 방법은 모두 몇 가지입니까?

(   )

1-2 딸기 48개를 10명보다 많은 사람들에게 남김없이 똑같이 나누어 주려고 합니다. 나누어 줄 수 있는 방법은 모두 몇 가지입니까?

(   )

핵심 예제 ②

정류장에서 박물관으로 가는 버스가 오전 8시부터 11분 간격으로 출발한다고 합니다. 오전 8시부터 오전 9시까지 버스는 모두 몇 번 출발합니까?

(   )

전략

버스가 11분 간격으로 출발하므로 분이 11의 배수인 시각에 출발합니다.

풀이

11의 배수는 11, 22, 33, 44, 55이므로 출발 시각은 오전 8시, 오전 8시 11분, 오전 8시 22분, 오전 8시 33분, 오전 8시 44분, 오전 8시 55분으로 모두 6번 출발합니다.

답 6번

2-1 정류장에서 식물원으로 가는 버스가 오전 9시부터 13분 간격으로 출발한다고 합니다. 오전 9시부터 오전 10시까지 버스는 모두 몇 번 출발합니까?

(   )

2-2 정류장에서 동물원으로 가는 버스가 오전 10시부터 14분 간격으로 출발합니다. 오전 10시부터 오전 11시까지 버스는 모두 몇 번 출발합니까?

(   )

버스가 처음 출발한 시각도 세어야 합니다.

핵심 예제 ❸

가로가 18 cm, 세로가 24 cm인 직사각형 모양의 종이를 남는 부분 없이 크기가 같은 가장 큰 정사각형 모양 여러 개로 자르려고 합니다. 정사각형의 한 변의 길이를 몇 cm로 해야 합니까?

(   )

전략

가장 큰 정사각형의 한 변의 길이는 18과 24의 최대공약수입니다.

풀이

2) 18 24
3) 9 12
　　3　4 ⇨ 최대공약수: 2×3＝6
따라서 정사각형의 한 변의 길이를 6 cm로 해야 합니다.

답 6 cm

3-1 가로가 28 cm, 세로가 70 cm인 직사각형 모양의 종이를 남는 부분 없이 크기가 같은 가장 큰 정사각형 모양 여러 개로 자르려고 합니다. 정사각형의 한 변의 길이를 몇 cm로 해야 합니까?

(   )

3-2 가로가 45 cm, 세로가 75 cm인 직사각형 모양의 종이를 남는 부분 없이 크기가 같은 가장 큰 정사각형 모양 여러 개로 자르려고 합니다. 정사각형의 한 변의 길이를 몇 cm로 해야 합니까?

(   )

핵심 예제 ❹

1부터 100까지의 수 중에서 8의 배수이면서 12의 배수인 수는 모두 몇 개입니까?

(   )

전략

■의 배수이면서 ▲의 배수인 수는 ■와 ▲의 공배수입니다.

풀이

8의 배수이면서 12의 배수인 수는 8과 12의 공배수입니다.
8과 12의 공배수는 8과 12의 최소공배수인 24의 배수와 같습니다.
24의 배수의 개수: 100÷24＝4…4 ⇨ 4개

답 4개

4-1 1부터 100까지의 수 중에서 3의 배수이면서 5의 배수인 수는 모두 몇 개입니까?

(   )

4-2 1부터 100까지의 수 중에서 6의 배수이면서 9의 배수인 수는 모두 몇 개입니까?

(   )

두 수의 공배수는 두 수의 최소공배수의 배수와 같습니다.

1주

핵심 예제 ❺

12와 15의 공배수 중에서 200에 가장 가까운 수는 얼마입니까?

( )

전략

12와 15의 공배수 중 200의 바로 앞의 수와 바로 뒤의 수를 구하여 더 가까운 수를 알아봅니다.

풀이

3) 12 15
‾‾‾‾‾‾
    4   5 ⇨ 최소공배수: $3 \times 4 \times 5 = 60$

$60 \times 3 = 180$, $60 \times 4 = 240$ 중에서 200에 더 가까운 수는 180입니다.

답 180

5-1 9와 12의 공배수 중에서 300에 가장 가까운 수는 얼마입니까?

( )

5-2 15와 25의 공배수 중에서 500에 가장 가까운 수는 얼마입니까?

( )

핵심 예제 ❻

다음 네 자리 수는 3의 배수입니다. ☐ 안에 들어갈 수 있는 숫자를 모두 쓰시오.

251☐

( )

전략

☐가 어떤 숫자일 때 각 자리 숫자의 합이 3의 배수가 되는지 알아봅니다.

풀이

3의 배수는 각 자리 숫자의 합이 3의 배수여야 합니다.
$2+5+1+☐=8+☐$이므로 $(8+☐)$가 3의 배수여야 합니다.
☐=1일 때 $8+1=9$, ☐=4일 때 $8+4=12$, ☐=7일 때 $8+7=15$로 3의 배수가 되므로 ☐ 안에 들어갈 수 있는 숫자는 1, 4, 7입니다.

답 1, 4, 7

6-1 다음 네 자리 수는 9의 배수입니다. ☐ 안에 들어갈 수 있는 숫자를 모두 쓰시오.

846☐

( )

6-2 다음 네 자리 수는 6의 배수입니다. ☐ 안에 들어갈 수 있는 숫자를 모두 쓰시오.

379☐

( )

주어진 수와 가장 가까운 수는 주어진 수와 차가 가장 작은 수입니다.

핵심 예제 ❼

3으로 나누면 나머지가 2이고 7로 나누면 나머지가 6인 어떤 수가 있습니다. 어떤 수 중에서 100에 가장 가까운 수를 구하시오.

(   )

【전략】

나누는 수와 나머지의 차가 1이면 어떤 수는 나누는 수의 배수에서 1을 뺀 수입니다.

【풀이】

어떤 수는 3으로 나누어떨어지기에도 1이 모자라고 7로 나누어떨어지기에도 1이 모자랍니다.

어떤 수를 □라 하면 (□+1)은 3과 7의 공배수입니다.

□+1=21, 42, 63, 84, 105, ...이므로 □=20, 41, 62, 83, 104, ...이고 이 중에서 100에 가장 가까운 수는 104입니다.

📄 104

7-1 5로 나누면 나머지가 4이고 6으로 나누면 나머지가 5인 어떤 수가 있습니다. 어떤 수 중에서 100에 가장 가까운 수를 구하시오.

(   )

7-2 4로 나누면 나머지가 3이고 9로 나누면 나머지가 8인 어떤 수가 있습니다. 어떤 수 중에서 150에 가장 가까운 수를 구하시오.

(   )

핵심 예제 ❽

55를 어떤 수로 나누면 나머지가 1이고 50을 어떤 수로 나누면 나머지가 2입니다. 어떤 수가 될 수 있는 수를 모두 구하시오.

(   )

【전략】

(나누어지는 수)−(나머지)는 어떤 수로 나누어떨어집니다.

【풀이】

55−1=54와 50−2=48은 어떤 수로 나누어떨어집니다.

어떤 수는 54와 48의 공약수입니다.

$$2\,)\,\overline{54\quad 48}$$
$$3\,)\,\overline{27\quad 24}$$
$$\quad\;\; 9\quad\; 8 \quad\Rightarrow\; 최대공약수: 2\times 3=6$$

6의 약수는 1, 2, 3, 6이고 이 중에서 나머지 1과 2보다 큰 수는 3, 6입니다.

📄 3, 6

8-1 48을 어떤 수로 나누면 나머지가 3이고 79를 어떤 수로 나누면 나머지가 4입니다. 어떤 수가 될 수 있는 수를 모두 구하시오.

(   )

8-2 75를 어떤 수로 나누면 나머지가 5이고 104를 어떤 수로 나누면 나머지가 6입니다. 어떤 수가 될 수 있는 수를 모두 구하시오.

(   )

1주

01 수박 60개와 참외 75개를 상자에 남김없이 똑같이 나누어 담으려고 합니다. 상자에 나누어 담는 방법은 모두 몇 가지입니까? (단, 나누어 담는 상자는 1개보다 많습니다.)

(   )

Tip ①

나누어 담을 수 있는 상자의 수는 60과 ☐ 의 ☐ 입니다.

02 어느 기차가 출발역에서 10분 간격으로 출발한다고 합니다. 오전 6시 5분에 첫 번째 기차가 출발했다면 네 번째로 출발하는 기차는 오전 몇 시 몇 분에 출발합니까?

오전 (   )

Tip ②

기차가 ☐ 분 간격으로 출발하므로 분이 5분에서 10의 ☐ 만큼 지난 시각에 출발합니다.

> 네 번째로 출발하는 기차가 오전 6시 5분에서 $10 \times 4 = 40$(분) 지난 시각에 출발한다고 생각하면 안 됩니다.

03 가로가 24 cm, 세로가 30 cm인 직사각형 모양의 종이를 남는 부분 없이 크기가 같은 가장 큰 정사각형 모양 여러 개로 자르려고 합니다. 정사각형을 모두 몇 개 만들 수 있습니까?

(   )

Tip ③

가장 큰 정사각형의 한 변의 길이는 24와 ☐ 의 ☐ 공약수입니다.

04 151부터 300까지의 수 중에서 3의 배수이면서 4의 배수인 수는 모두 몇 개입니까?

(   )

Tip ④

3과 4의 최소공배수인 ☐ 의 배수의 개수를 1부터 300까지와 1부터 ☐ 까지의 수의 범위로 나누어 구한 후 차를 구합니다.

답 Tip ① 75, 공약수 ② 10, 배수

답 Tip ③ 30, 최대 ④ 12, 150

05 다음 조건 을 모두 만족하는 자연수는 모두 몇 개입니까?

> 조건
> • 15와 20으로 나누어떨어집니다.
> • 100보다 크고 300보다 작습니다.

(   )

Tip ⑤

어떤 수는 15와 20으로 나누어떨어지므로 15와 ☐ 의 ☐ 입니다.

07 ■가 될 수 있는 수 중에서 가장 작은 세 자리 수를 구하시오.

> ■ ÷ 5 = ▲ ⋯ 4
> ■ ÷ 8 = ● ⋯ 7

(   )

Tip ⑦

■는 5로 나누어떨어지기에도 1이 모자라고 8로 나누어떨어지기에도 1이 모자랍니다.
(■＋1)은 5와 ☐ 의 ☐ 입니다.

06 다음 중 4의 배수도 되고 9의 배수도 되는 수를 찾아 쓰시오.

2961	3720	6732	8479

(   )

Tip ⑥

4의 배수는 오른쪽 끝 두 자리 수가 00이거나 ☐ 의 배수인 수이고 9의 배수는 각 자리 숫자의 합이 ☐ 의 배수인 수입니다.

08 어떤 수가 될 수 있는 수를 모두 구하시오.

> • 65를 어떤 수로 나누면 2가 남습니다.
> • 87을 어떤 수로 나누면 3이 남습니다.

(   )

Tip ⑧

어떤 수는 (65－2)와 (87－☐)의 ☐ 입니다.

답 **Tip** ⑤ 20, 공배수 ⑥ 4, 9

답 **Tip** ⑦ 8, 공배수 ⑧ 3, 공약수

핵심 예제 ❶

공약수의 개수가 더 많은 것을 찾아 기호를 쓰시오.

> ㉠ 최대공약수가 36인 두 수
> ㉡ 최대공약수가 50인 두 수

(   )

전략

두 수의 공약수는 두 수의 최대공약수의 약수와 같습니다.

풀이

두 수의 공약수는 두 수의 최대공약수의 약수와 같으므로 최대공약수의 약수의 개수를 구합니다.
㉠ 36의 약수: 1, 2, 3, 4, 6, 9, 12, 18, 36 ⇨ 9개
㉡ 50의 약수: 1, 2, 5, 10, 25, 50 ⇨ 6개
따라서 공약수의 개수가 더 많은 것은 ㉠입니다.

답 ㉠

1-1 공약수의 개수가 더 많은 것을 찾아 기호를 쓰시오.

> ㉠ 최대공약수가 24인 두 수
> ㉡ 최대공약수가 52인 두 수

(   )

1-2 공약수의 개수가 더 많은 것을 찾아 기호를 쓰시오.

> ㉠ 최대공약수가 48인 두 수
> ㉡ 최대공약수가 90인 두 수

(   )

핵심 예제 ❷

두 수가 약수와 배수의 관계일 때 ☐ 안에 들어갈 수 있는 두 자리 수는 모두 몇 개입니까?

(☐, 30)

(   )

전략

☐가 30의 약수일 때와 30의 배수일 때로 나누어 생각합니다.

풀이

☐가 30의 약수일 때: 1, 2, 3, 5, 6, 10, 15, 30
☐가 30의 배수일 때: 30, 60, 90, 120, ...
따라서 ☐ 안에 들어갈 수 있는 두 자리 수는 10, 15, 30, 60, 90이므로 모두 5개입니다.

답 5개

2-1 두 수가 약수와 배수의 관계일 때 ☐ 안에 들어갈 수 있는 두 자리 수는 모두 몇 개입니까?

(☐, 20)

(   )

2-2 두 수가 약수와 배수의 관계일 때 ☐ 안에 들어갈 수 있는 두 자리 수는 모두 몇 개입니까?

(☐, 32)

(   )

핵심 예제 ③

1부터 100까지의 수 중에서 6의 배수이거나 8의 배수인 수는 모두 몇 개입니까?

( )

전략

6의 배수의 개수와 8의 배수의 개수의 합을 구한 후 6과 8의 최소공배수의 배수의 개수를 뺍니다.

풀이

6의 배수의 개수: $100 \div 6 = 16 \cdots 4 \Rightarrow 16$개
8의 배수의 개수: $100 \div 8 = 12 \cdots 4 \Rightarrow 12$개
6과 8의 최소공배수인 24의 배수의 개수:
$100 \div 24 = 4 \cdots 4 \Rightarrow 4$개
따라서 모두 $16 + 12 - 4 = 24$(개)입니다.

답 24개

3-1 1부터 100까지의 수 중에서 3의 배수이거나 5의 배수인 수는 모두 몇 개입니까?

( )

3-2 1부터 100까지의 수 중에서 4의 배수이거나 7의 배수인 수는 모두 몇 개입니까?

( )

핵심 예제 ④

100과 200 사이의 수 중에서 8과 12로 나누어떨어지는 수는 모두 몇 개입니까?

( )

전략

■와 ▲로 나누어떨어지는 수는 ■와 ▲의 공배수입니다.

풀이

8과 12로 나누어떨어지는 수는 8과 12의 공배수입니다.

$$
\begin{array}{r}
2\,)\underline{\;8\;\;12\;} \\
2\,)\underline{\;4\;\;\;6\;} \\
2\;\;\;3
\end{array}
$$
$\Rightarrow$ 최소공배수: $2 \times 2 \times 2 \times 3 = 24$

8과 12의 최소공배수인 24의 배수 중에서 100과 200 사이의 수는 120, 144, 168, 192이므로 모두 4개입니다.

답 4개

4-1 100과 200 사이의 수 중에서 10과 15로 나누어떨어지는 수는 모두 몇 개입니까?

( )

4-2 100과 200 사이의 수 중에서 12와 18로 나누어떨어지는 수는 모두 몇 개입니까?

( )

■의 배수와 ▲의 배수에는 각각 ■와 ▲의 최소공배수의 배수도 포함되어 있습니다.

핵심 예제 ❺

키위 42개와 딸기 54개를 최대한 많은 사람들에게 남김없이 똑같이 나누어 주려고 합니다. 한 사람이 키위와 딸기를 각각 몇 개씩 받을 수 있습니까?

키위 (   )

딸기 (   )

전략
나누어 줄 수 있는 최대 사람 수는 42와 54의 최대공약수입니다.

풀이

```
2 ) 42  54
3 ) 21  27
      7   9
```
⇨ 최대공약수: 2×3=6

따라서 최대 6명에게 나누어 줄 수 있이므로 한 사람이 키위를 42÷6=7(개), 딸기를 54÷6=9(개)씩 받을 수 있습니다.

답 7개, 9개

5-1 가위 30개와 풀 45개를 최대한 많은 사람들에게 남김없이 똑같이 나누어주려고 합니다. 한 사람이 가위와 풀을 각각 몇 개씩 받을 수 있습니까?

가위 (   )

풀 (   )

5-2 우유 56개와 빵 70개를 최대한 많은 사람들에게 남김없이 똑같이 나누어주려고 합니다. 한 사람이 우유와 빵을 각각 몇 개씩 받을 수 있습니까?

우유 (   )

빵 (   )

핵심 예제 ❻

왼쪽 네 자리 수는 조건을 모두 만족합니다. ☐ 안에 알맞은 숫자를 구하시오.

436☐

조건
• 5의 배수입니다.
• 3의 배수입니다.

(   )

전략
☐가 0 또는 5 중에서 어떤 숫자일 때 각 자리 숫자의 합이 3의 배수가 되는지 알아봅니다.

풀이

436☐가 5의 배수이므로 ☐ 안에는 0 또는 5가 들어갈 수 있습니다.

☐=0일 때 4+3+6+0=13이므로 3의 배수가 아닙니다.

☐=5일 때 4+3+6+5=18이므로 3의 배수입니다.

따라서 ☐ 안에 알맞은 숫자는 5입니다.

답 5

6-1 왼쪽 네 자리 수는 조건을 모두 만족합니다. ☐ 안에 알맞은 숫자를 구하시오.

873☐

조건
• 5의 배수입니다.
• 9의 배수입니다.

(   )

6-2 왼쪽 네 자리 수는 조건을 모두 만족합니다. ☐ 안에 알맞은 숫자를 구하시오.

352☐

조건
• 4의 배수입니다.
• 9의 배수입니다.

(   )

핵심 예제 7

21과 어떤 수의 최대공약수는 3이고 최소공배수는 189입니다. 어떤 수를 구하시오.

(   )

[전략]

다음과 같이 나타낸 후 최소공배수를 구하는 방법을 이용하여 □ 안에 알맞은 수부터 구해 봅니다.

3) 21 (어떤 수)
    7   □

[풀이]

3) 21 (어떤 수)
    7   □

최소공배수는 $3 \times 7 \times □ = 189$이므로 $21 \times □ = 189$, $□ = 9$입니다. 따라서 어떤 수는 $3 \times 9 = 27$입니다.

답 27

7-1 40과 어떤 수의 최대공약수는 5이고 최소공배수는 200입니다. 어떤 수를 구하시오.

(   )

7-2 55와 어떤 수의 최대공약수는 11이고 최소공배수는 440입니다. 어떤 수를 구하시오.

(   )

어떤 수를 최대공약수로 나눈 몫이 □라면 (어떤 수)=(최대공약수)×□ 입니다.

핵심 예제 8

3으로 나누면 1이 남고 7로 나누면 5가 남는 수 중 가장 작은 수를 구하시오.

(   )

[전략]

나누어지는 수는 나누는 수의 배수보다 나머지만큼 더 큰 수 또는 (나누는 수)−(나머지)만큼 더 작은 수입니다.

[풀이]

3으로 나누면 1이 남으므로 3의 배수보다 1만큼 더 큰 수 또는 3의 배수보다 2만큼 더 작은 수입니다.
7로 나누면 5가 남으므로 7의 배수보다 5만큼 더 큰 수 또는 7의 배수보다 2만큼 더 작은 수입니다.
어떤 수가 될 수 있는 수는 3과 7의 공배수보다 2만큼 더 작은 수이고 이 중에서 가장 작은 수는 3과 7의 최소공배수인 21보다 2만큼 더 작은 수입니다.
따라서 가장 작은 수는 $21 - 2 = 19$입니다.

답 19

8-1 4로 나누면 2가 남고 9로 나누면 7이 남는 수 중 가장 작은 수를 구하시오.

(   )

8-2 5로 나누면 1이 남고 8로 나누면 4가 남는 수 중 가장 작은 수를 구하시오.

(   )

1주

01 다음 중 더 큰 것의 기호를 쓰시오.

> ㉠ 28과 70을 동시에 나누어떨어지게 하는 수 중 가장 큰 수
> ㉡ 45와 75를 동시에 나누어떨어지게 하는 수 중 가장 큰 수

(   )

Tip ①

두 수를 동시에 [   ] 떨어지게 하는 수 중 가장 큰 수는 두 수의 [   ] 공약수입니다.

02 다음 중 24와 약수 또는 배수의 관계인 수를 모두 찾아 쓰시오.

2	8	9	16
48	70	94	120

(   )

Tip ②

24를 나누어떨어지게 하는 수가 24의 [   ] 이고 24를 1배, 2배, 3배, ... 한 수가 24의 [   ] 입니다.

03 어떤 수가 될 수 있는 수 중에서 가장 작은 수를 구하시오.

> • 어떤 수는 9로 나누면 4가 남습니다.
> • 어떤 수는 15로 나누면 4가 남습니다.

(   )

Tip ③

(어떤 수) [   ] 4는 9와 [   ] (으)로 나누어떨어집니다.

> ■와 ▲로 나누어떨어지는 수는 ■와 ▲의 공배수입니다.

04 톱니 수가 30개인 톱니바퀴 ㉮와 톱니 수가 45개인 톱니바퀴 ㉯가 맞물려 돌아가고 있습니다. 두 톱니바퀴의 톱니가 처음 맞물렸던 곳에서 다시 맞물리려면 톱니바퀴 ㉮는 최소한 몇 바퀴 돌아야 합니까?

(   )

Tip ④

30과 [   ] 의 [   ] 만큼 톱니가 맞물려 돌아갔을 때마다 처음 맞물렸던 곳에서 다시 맞물리게 됩니다.

답 **Tip** ① 나누어, 최대 ② 약수, 배수

답 **Tip** ③ ㅡ, 15 ④ 45, 공배수

05 구슬 52개와 사탕 75개를 최대한 많은 사람들에게 똑같이 나누어 주었더니 구슬은 2개, 사탕은 5개 남았습니다. 한 사람이 구슬과 사탕을 각각 몇 개씩 받았습니까?

구슬 (   )

사탕 (   )

Tip 5

나누어 준 구슬의 수는 (52 − ☐)개이고,

나누어 준 사탕의 수는 (75 − ☐)개입니다.

06 4장의 수 카드 중 3장을 골라 한 번씩만 사용하여 만들 수 있는 세 자리 수 중에서 5의 배수는 모두 몇 개입니까?

0   **2**   **5**   **7**

(   )

Tip 6

5의 배수는 ☐의 자리 숫자가 0 또는 ☐인 수입니다.

> 세 자리 수를 만들 때 백의 자리에 0은 올 수 없습니다.

07 어떤 두 수의 합은 70, 최대공약수는 7, 최소공배수는 147입니다. 두 수를 모두 구하시오.

(   )

Tip 7

두 수를 ㉮와 ㉯라 하고 최소공배수를 구하는 방법을 이용하여 ㉠과 ㉡에 알맞은 수부터 구해 봅니다.

☐)㉮ ㉯
  ㉠ ㉡

08 ■가 될 수 있는 수 중에서 가장 작은 수를 구하시오.

$$■ \div 5 = ▲ \cdots 2$$
$$■ \div 7 = ● \cdots 4$$

(   )

Tip 8

■는 나누는 수의 배수보다 나머지만큼 더 ☐ 수 또는 (나누는 수) − (나머지)만큼 더 ☐ 수입니다.

답 Tip ⑤ 2, 5 ⑥ 일, 5

답 Tip ⑦ 7 ⑧ 큰, 작은

01 오른쪽 수는 왼쪽 수의 배수입니다. ☐ 안에 들어갈 수 있는 수는 모두 몇 개입니까?

☐, 78

(   )

02 다음 중 두 수가 서로 약수와 배수의 관계인 것을 찾아 기호를 쓰시오.

㉠ (2, 21)   ㉡ (4, 38)
㉢ (7, 56)   ㉣ (9, 70)

(   )

03 1부터 200까지의 수 중에서 12의 배수이거나 18의 배수인 수는 모두 몇 개입니까?

(   )

04 우유 60개와 빵 75개를 최대한 많은 봉지에 남김없이 똑같이 나누어 담으려고 합니다. 최대 몇 개의 봉지에 나누어 담을 수 있습니까?

(   )

05 공약수의 개수가 가장 많은 것을 찾아 기호를 쓰시오.

㉠ 최대공약수가 18인 두 수
㉡ 최대공약수가 25인 두 수
㉢ 최대공약수가 34인 두 수

(   )

두 수의 공약수는 두 수의 최대공약수의 약수와 같습니다.

06 가◎나를 가와 나의 최소공배수라고 약속할 때 다음을 구하시오.

$$(12◎20)◎45$$

(   )

07 14와 21의 공배수 중에서 300에 가장 가까운 수는 얼마입니까?

(   )

08 민준이는 6일마다, 수민이는 8일마다 수영장을 갑니다. 5월 1일에 민준이와 수민이가 함께 간다면 바로 다음번에 두 사람이 함께 수영장을 가는 날은 몇 월 며칠입니까?

(   )

09 지후와 연서는 다음과 같은 규칙으로 각자 바둑돌을 30개씩 놓았습니다. 검은 바둑돌이 ㉮와 같이 나란히 놓이는 경우는 모두 몇 번 있습니까?

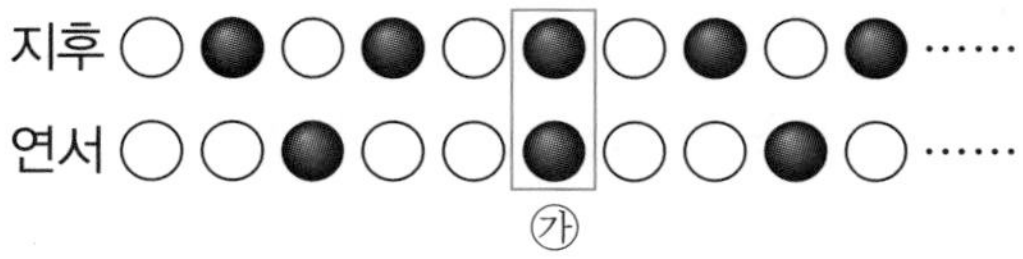

지후 ○●○●○●○●○● ……
연서 ○○●○○●○○●○ ……
      ㉮

(   )

10 다음 수와 관계있는 것을 모두 찾아 기호를 쓰시오.

72435

㉠ 3의 배수   ㉡ 4의 배수
㉢ 5의 배수   ㉣ 9의 배수

(   )

1주

1주 창의·융합·코딩 전략

01 1부터 100까지의 수를 차례로 말하면서 다음과 같은 놀이를 하였습니다. 손뼉을 치면서 발을 구르는 수는 모두 몇 개입니까?

놀이

• 3의 배수에서는 손뼉을 칩니다.

• 4의 배수에서는 발을 구릅니다.

(   )

Tip ①

손뼉을 치면서 발을 구르는 수는 3과

☐의 ☐☐☐입니다.

02 9의 배수를 판정하는 순서도입니다. 순서도를 보고 9의 배수인지, 9의 배수가 아닌지 알아보시오.

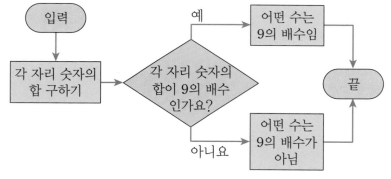

(1) 325479는 9의 배수가 (맞습니다 , 아닙니다).

(2) 98106534는 9의 배수가 (맞습니다 , 아닙니다).

Tip ②

9의 배수는 각 자리 숫자의 합이 ☐의

☐☐인 수입니다.

답 **Tip** ① 4, 공배수 ② 9, 배수

03 우리 조상들은 나이를 세거나 연도를 계산할 때 색을 나타내는 십간과 12종류의 동물을 뜻하는 십이지를 순서대로 하나씩 짝을 지어 갑자년, 을축년, 병인년과 같이 그 해의 이름을 정해왔습니다. 다음 십간과 십이지의 표를 보고 물음에 답하시오.

Tip ③

십간은 [ ]년마다 반복되고, 십이지는 [ ]년마다 반복됩니다.

십간 (十干)	갑	을	병	정	무	기	경	신	임	계
	청(靑)		적(赤)		황(黃)		백(白)		흑(黑)	

십이지 (十二支)	자 쥐	축 소	인 호랑이	묘 토끼	진 용	사 뱀
	오 말	미 양	신 원숭이	유 닭	술 개	해 돼지

(1) 2023년은 검은색 토끼의 해인 계묘년입니다. 바로 다음번에 계묘년이 되는 해는 몇 년 후입니까?

( )

(2) 2024년은 파란색 용의 해인 갑진년입니다. 2024년 이후 세 번째로 갑진년이 되는 해는 몇 년도입니까?

( )

갑진년 다음해는 을사년, 그 다음해는 병오년입니다.

04 지구의 공전주기를 1년이라고 할 때 토성의 공전주기는 약 30년, 천왕성의 공전주기는 약 84년이라고 합니다. 오늘 태양, 토성, 천왕성이 일직선에 놓인 후 바로 다음번에 일직선에 놓이게 될 때까지 약 몇 년 걸립니까?

태양

토성

천왕성

사진 출처: ©AlexLMX/shutterstcok

약 (   )

Tip 4

태양, 토성, 천왕성이 바로 다음번에 일직선에 놓이게 되는 것은 30과 [ ]의 [ ]공배수입니다.

참고

지구, 토성, 천왕성과 같은 행성이 태양을 한 바퀴 도는 데 걸리는 시간을 공전주기라고 합니다.

05 다음 네 자리 수는 4의 배수입니다. ☐ 안에 들어갈 수 있는 숫자를 모두 쓰시오.

5   3   ☐   0

(   )

Tip 5

4의 배수는 오른쪽 끝 두 자리 수가 00이거나 [ ]의 [ ]인 수입니다.

답 Tip ④ 84, 최소 ⑤ 4, 배수

06 다음 그림에서 겹쳐진 부분에 들어갈 수가 가장 많은 것은 어느 것인지 알아보려고 합니다. 물음에 답하시오.

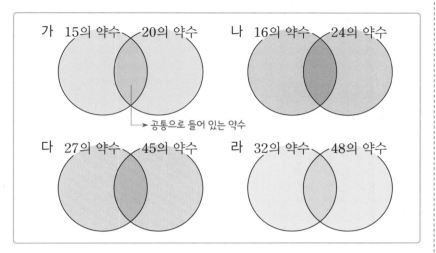

(1) 가, 나, 다, 라의 겹쳐진 부분에 들어갈 수를 각각 모두 구하시오.

가 (   )
나 (   )
다 (   )
라 (   )

두 수의 공약수는 두 수의 최대공약수의 약수와 같습니다.

(2) 겹쳐진 부분에 들어갈 수가 가장 많은 것을 찾아 기호를 쓰시오.

(   )

2_주 약분과 통분, 분수의 덧셈과 뺄셈

오늘은 우리 반의 칭찬 붙임 딱지가 50장이 된 날! 모둠별로 커다란 피자가 한 판씩 배달되었어요. 선생님께서 피자를 가장 많이 먹은 모둠은 가장 적게 먹은 모둠보다 얼마나 더 먹었는지 알아보라고 하셨어요.

각 모둠별로 먹은 피자는 1모둠은 $\frac{2}{3}$, 2모둠은 $\frac{6}{8}$, 3모둠은 $\frac{6}{18}$이었어요.

우리는 약분을 해 보기로 했어요.
1모둠의 $\frac{2}{3}$는 분모와 분자의 공약수가 1뿐인 기약분수였어요.
2모둠의 $\frac{6}{8}$은 약분하니까 $\frac{3}{4}$이 되고
3모둠의 $\frac{6}{18}$은 약분하니까 $\frac{1}{3}$이 되었어요.

$\frac{2}{3}$를 먹은 1모둠과 약분하여 $\frac{1}{3}$을 먹은 3모둠 중 1모둠이 더 많이 먹었다는 것을 알 수 있었어요.
하지만 2모둠은 비교할 수가 없었어요.

우리는 분수의 분모를 같게 하는 통분을 했어요.

1모둠의 $\frac{2}{3}$와 2모둠의 약분한 분수 $\frac{3}{4}$을 통분하면

1모둠이 먹은 피자는 $\frac{8}{12}$, 2모둠이 먹은 피자는 $\frac{9}{12}$가 되지요.

따라서 피자를 가장 많이 먹은 모둠은 2모둠이에요.

피자를 가장 많이 먹은 2모둠과 가장 적게 먹은 3모둠의 먹은 양의 차를 구하려면

$\frac{3}{4}$에서 $\frac{1}{3}$을 빼야 돼요.

두 분수를 통분한 후 계산했어요.

$\frac{3}{4} - \frac{1}{3} = \frac{9}{12} - \frac{4}{12} = \frac{5}{12}$

2모둠은 3모둠보다 피자 한 판의 $\frac{5}{12}$만큼 더 먹었어요.

선생님께서 피자를 먹으며 잘 계산한 우리들에게 콜라를 한 병씩 더 주셨어요.

개념 01 크기가 같은 분수 만들기

• 분모와 분자에 각각 0이 아닌 같은 수를 곱하면 크기가 같은 분수가 됩니다.

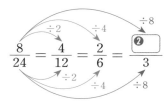

$$\frac{1}{2} = \frac{2}{4} = \frac{3}{6} = \frac{\mathbf{①}}{8}$$

• 분모와 분자를 각각 0이 아닌 같은 수로 나누면 크기가 같은 분수가 됩니다.

$$\frac{8}{24} = \frac{4}{12} = \frac{2}{6} = \frac{\mathbf{②}}{3}$$

확인 01 크기가 같은 분수입니다. ☐ 안에 알맞은 수를 써넣으시오.

(1) $\dfrac{5}{7} = \dfrac{\square}{14} = \dfrac{15}{\square} = \dfrac{\square}{28}$

(2) $\dfrac{18}{30} = \dfrac{\square}{15} = \dfrac{6}{\square} = \dfrac{\square}{5}$

> 분모에 ■를 곱했다면 분자에도 ■를 곱해야 하고 분모를 ▲로 나누었다면 분자도 ▲로 나누어야 합니다.

개념 02 약분하기

• 약분: 분모와 분자를 공약수로 나누어 간단한 분수로 나타내는 것

예 $\dfrac{24}{32}$ 를 약분하기

① 분모와 분자의 공약수를 구합니다.

32와 24의 공약수: **①** , 2, 4, 8

② 분모와 분자를 **②** 을/를 제외한 공약수로 나눕니다.

$$\frac{\overset{12}{\cancel{24}}}{\underset{16}{\cancel{32}}} = \frac{12}{16} \qquad \frac{\overset{6}{\cancel{24}}}{\underset{8}{\cancel{32}}} = \frac{6}{8} \qquad \frac{\overset{3}{\cancel{24}}}{\underset{4}{\cancel{32}}} = \frac{3}{4}$$

확인 02 주어진 분수를 약분하시오.

(1) $\dfrac{16}{20} \Rightarrow \dfrac{\square}{10}$　　(2) $\dfrac{40}{48} \Rightarrow \dfrac{10}{\square}$

개념 03 기약분수로 나타내기

• 기약분수: 분모와 분자의 공약수가 1뿐인 분수

예 $\dfrac{12}{20}$ 를 기약분수로 나타내기

① 분모와 분자의 최대공약수를 구합니다.

20과 **①** 의 최대공약수: 4

② 분모와 분자를 최대공약수로 나눕니다.

$$\frac{\overset{3}{\cancel{12}}}{\underset{5}{\cancel{20}}} = \frac{\mathbf{②}}{5}$$

확인 03 기약분수로 나타내시오.

(1) $\dfrac{4}{6} \Rightarrow \dfrac{\square}{3}$　　(2) $\dfrac{9}{12} \Rightarrow \dfrac{3}{\square}$

답 개념 01 ① 4 ② 1

답 개념 02 ① 1 ② 1 개념 03 ① 12 ② 3

개념 **04** 통분하기

- **통분**: 분수의 분모를 같게 하는 것
- **공통분모**: 통분한 분모

예 $\dfrac{3}{4}$ 과 $\dfrac{5}{6}$ 를 통분하기

방법1 두 분모의 곱을 공통분모로 하여 통분하기

$$\left(\dfrac{3}{4},\ \dfrac{5}{6}\right) \Rightarrow \left(\dfrac{3\times6}{4\times6},\ \dfrac{5\times4}{6\times4}\right)$$

$$\Rightarrow \left(\dfrac{18}{24},\ \dfrac{\boxed{❶}}{24}\right)$$

방법2 두 분모의 최소공배수를 공통분모로 하여 통분하기

4와 6의 최소공배수: 12

$$\left(\dfrac{3}{4},\ \dfrac{5}{6}\right) \Rightarrow \left(\dfrac{3\times3}{4\times3},\ \dfrac{5\times2}{6\times2}\right)$$

$$\Rightarrow \left(\dfrac{9}{12},\ \dfrac{\boxed{❷}}{12}\right)$$

두 분모의 최소공배수를 이용하면 가장 작은 공통분모로 통분할 수 있습니다.

확인 **04** 두 분모의 최소공배수를 공통분모로 하여 통분하시오.

(1) $\left(\dfrac{1}{6},\ \dfrac{2}{9}\right) \Rightarrow \left(\dfrac{1\times3}{6\times\square},\ \dfrac{2\times2}{9\times\square}\right)$

$\Rightarrow \left(\dfrac{3}{\square},\ \dfrac{4}{\square}\right)$

(2) $\left(\dfrac{5}{8},\ \dfrac{7}{20}\right) \Rightarrow \left(\dfrac{5\times5}{8\times\square},\ \dfrac{7\times2}{20\times\square}\right)$

$\Rightarrow \left(\dfrac{25}{\square},\ \dfrac{14}{\square}\right)$

개념 **05** 분수의 크기 비교하기

- 분모가 다른 분수는 통분한 후 분자를 비교합니다.

예 $\left(\dfrac{3}{4},\ \dfrac{5}{7}\right) \Rightarrow \left(\dfrac{3\times\boxed{❶}}{4\times7},\ \dfrac{5\times\boxed{❷}}{7\times4}\right) \Rightarrow \left(\dfrac{21}{28},\ \dfrac{20}{28}\right)$

$\Rightarrow \dfrac{21}{28} \mathbin{\text{\textgreater}} \dfrac{20}{28} \Rightarrow \dfrac{3}{4} \mathbin{\text{\textgreater}} \dfrac{5}{7}$

참고 공통분모가 두 분모의 곱이라면 ✕ 모양으로 곱하여 비교할 수 있습니다.

$\dfrac{3}{4} \bowtie \dfrac{5}{7} \Rightarrow 21 \mathbin{\text{\textgreater}} 20 \Rightarrow \dfrac{3}{4} \mathbin{\text{\textgreater}} \dfrac{5}{7}$

확인 **05** 빈 곳에 알맞게 써넣으시오.

$\left(\dfrac{4}{7},\ \dfrac{2}{3}\right) \Rightarrow \left(\dfrac{12}{21},\ \dfrac{\square}{21}\right) \Rightarrow \dfrac{12}{21} \bigcirc \dfrac{\square}{21}$

$\Rightarrow \dfrac{4}{7} \bigcirc \dfrac{2}{3}$

개념 **06** 분수와 소수의 크기 비교하기

- 분수를 소수로 나타내어 비교합니다.

예 $\dfrac{3}{5} = \dfrac{6}{10} = \boxed{❶} < 0.8 \Rightarrow \dfrac{3}{5} \mathbin{\text{\textless}} 0.8$

- 소수를 분수로 나타내어 비교합니다.

예 $0.4 = \dfrac{\boxed{❷}}{10} = \dfrac{8}{20} < \dfrac{9}{20} \Rightarrow 0.4 \mathbin{\text{\textless}} \dfrac{9}{20}$

소수를 분수로 나타낸 후 두 분수의 분모가 다를 때에는 통분한 후 비교합니다.

확인 **06** 빈 곳에 알맞게 써넣으시오.

$\left(\dfrac{2}{5},\ 0.3\right) \Rightarrow \left(\dfrac{\square}{10},\ 0.3\right) \Rightarrow \square \bigcirc 0.3$

$\Rightarrow \dfrac{2}{5} \bigcirc 0.3$

답 개념 **04** ❶ 20 ❷ 10

답 개념 **05** ❶ 7 ❷ 4 개념 **06** ❶ 0.6 ❷ 4

개념 07 진분수의 덧셈

방법1 두 분모의 곱을 공통분모로 하여 통분한 후 계산하기

$$\frac{3}{4}+\frac{5}{14}=\frac{3\times14}{4\times14}+\frac{5\times4}{14\times4}=\frac{42}{56}+\frac{20}{56}$$

$$=\frac{62}{56}=1\frac{6}{56}=1\frac{\boxed{❶}}{28}$$

방법2 두 분모의 최소공배수를 공통분모로 하여 통분한 후 계산하기

$$\frac{3}{4}+\frac{5}{14}=\frac{3\times7}{4\times7}+\frac{5\times2}{14\times2}=\frac{21}{28}+\frac{10}{28}$$

$$=\frac{31}{28}=1\frac{\boxed{❷}}{28}$$

방법1 은 공통분모를 구하기 쉽고, 방법2 는 분자끼리의 덧셈이 쉽고 계산 결과를 약분할 필요가 없거나 간단합니다.

확인 07 ☐ 안에 알맞은 수를 써넣으시오.

(1) $\frac{4}{9}+\frac{2}{7}=\frac{4\times\boxed{}}{9\times7}+\frac{2\times\boxed{}}{7\times9}$

$$=\frac{\boxed{}}{63}+\frac{\boxed{}}{63}=\frac{\boxed{}}{63}$$

(2) $\frac{3}{10}+\frac{3}{4}=\frac{\boxed{}}{20}+\frac{\boxed{}}{20}$

$$=\frac{\boxed{}}{20}=\boxed{}\frac{\boxed{}}{20}$$

개념 08 대분수의 덧셈

방법1 자연수는 자연수끼리, 분수는 분수끼리 계산하기

$$1\frac{5}{6}+2\frac{3}{4}=1\frac{10}{12}+2\frac{9}{12}$$

$$=(1+2)+\left(\frac{10}{12}+\frac{9}{12}\right)$$

$$=3+\frac{19}{12}=3+1\frac{7}{12}=4\frac{\boxed{❶}}{12}$$

방법2 대분수를 가분수로 나타내어 계산하기

$$1\frac{5}{6}+2\frac{3}{4}=\frac{11}{6}+\frac{11}{4}=\frac{22}{12}+\frac{33}{12}$$

$$=\frac{55}{12}=4\frac{\boxed{❷}}{12}$$

방법1 에서 분수 부분의 합이 가분수이면 대분수로 나타냅니다.

확인 08 ☐ 안에 알맞은 수를 써넣으시오.

(1) $1\frac{2}{3}+2\frac{1}{4}=1\frac{\boxed{}}{12}+2\frac{\boxed{}}{12}$

$$=(1+2)+\left(\frac{\boxed{}}{12}+\frac{\boxed{}}{12}\right)$$

$$=3+\frac{\boxed{}}{12}=3\frac{\boxed{}}{12}$$

(2) $1\frac{4}{5}+3\frac{2}{3}=\frac{\boxed{}}{5}+\frac{\boxed{}}{3}$

$$=\frac{\boxed{}}{15}+\frac{\boxed{}}{15}$$

$$=\frac{\boxed{}}{15}=\boxed{}\frac{\boxed{}}{15}$$

답 개념 **07** ❶3 ❷3

답 개념 **08** ❶7 ❷7

개념 09 진분수의 뺄셈

방법1 두 분모의 곱을 공통분모로 하여 통분한 후 계산하기

$$\frac{7}{12} - \frac{3}{8} = \frac{7 \times 8}{12 \times 8} - \frac{3 \times 12}{8 \times 12} = \frac{56}{96} - \frac{36}{96}$$

$$= \frac{20}{96} = \frac{❶}{24}$$

방법2 두 분모의 최소공배수를 공통분모로 하여 통분한 후 계산하기

$$\frac{7}{12} - \frac{3}{8} = \frac{7 \times 2}{12 \times 2} - \frac{3 \times 3}{8 \times 3} = \frac{14}{24} - \frac{9}{24}$$

$$= \frac{❷}{24}$$

방법1 은 공통분모를 구하기 쉽고, 방법2 는 분자끼리의 뺄셈이 쉽고 계산 결과를 약분할 필요가 없거나 간단합니다.

확인 09 ☐ 안에 알맞은 수를 써넣으시오.

(1) $\frac{6}{7} - \frac{5}{9} = \frac{6 \times \boxed{}}{7 \times 9} - \frac{5 \times \boxed{}}{9 \times 7}$

$$= \frac{\boxed{}}{63} - \frac{\boxed{}}{63} = \frac{\boxed{}}{63}$$

(2) $\frac{9}{10} - \frac{1}{4} = \frac{9 \times \boxed{}}{10 \times 2} - \frac{1 \times \boxed{}}{4 \times 5}$

$$= \frac{\boxed{}}{20} - \frac{\boxed{}}{20} = \frac{\boxed{}}{20}$$

답 개념 09 ❶5 ❷5

개념 10 대분수의 뺄셈

방법1 자연수는 자연수끼리, 분수는 분수끼리 계산하기

$$4\frac{1}{3} - 1\frac{3}{4} = 4\frac{4}{12} - 1\frac{9}{12} = 3\frac{16}{12} - 1\frac{9}{12}$$

$$= (3-1) + \left(\frac{16}{12} - \frac{9}{12}\right)$$

$$= 2 + \frac{7}{12} = 2\frac{❶}{12}$$

방법2 대분수를 가분수로 나타내어 계산하기

$$4\frac{1}{3} - 1\frac{3}{4} = \frac{13}{3} - \frac{7}{4} = \frac{52}{12} - \frac{21}{12}$$

$$= \frac{31}{12} = 2\frac{❷}{12}$$

방법1 에서 분수 부분끼리 뺄 수 없을 때에는 자연수 부분의 1만큼을 1과 크기가 같은 분수로 만들어 계산합니다.

확인 10 ☐ 안에 알맞은 수를 써넣으시오.

(1) $2\frac{2}{5} - 1\frac{1}{4} = 2\frac{\boxed{}}{20} - 1\frac{\boxed{}}{20}$

$$= (2-1) + \left(\frac{\boxed{}}{20} - \frac{\boxed{}}{20}\right)$$

$$= 1 + \frac{\boxed{}}{20} = 1\frac{\boxed{}}{20}$$

(2) $5\frac{3}{4} - 2\frac{1}{6} = \frac{\boxed{}}{4} - \frac{\boxed{}}{6}$

$$= \frac{\boxed{}}{12} - \frac{\boxed{}}{12}$$

$$= \frac{\boxed{}}{12} = \boxed{}\frac{\boxed{}}{12}$$

답 개념 10 ❶7 ❷7

2주

약분과 통분, 분수의 덧셈과 뺄셈

01 왼쪽 분수를 약분한 분수를 오른쪽에서 찾아 선으로 이으시오.

$$\frac{32}{48}$$ ·

$$\frac{35}{60}$$ ·

· $$\frac{7}{12}$$

· $$\frac{8}{12}$$

· $$\frac{9}{12}$$

문제 **해결 전략** [1]

· $\frac{32}{48}$의 분모와 분자를 각각 4로 나누면 분모는 12가 되고 분자는 ☐ 이/가 됩니다.

· $\frac{35}{60}$의 분모와 분자를 각각 5로 나누면 분모는 12가 되고 분자는 ☐ 이/가 됩니다.

02 공통분모가 될 수 있는 수 중에서 가장 작은 수를 공통분모로 하여 통분하시오.

$$\frac{3}{10} \qquad \frac{7}{15}$$

( )

문제 **해결 전략** [2]

$\frac{3}{10}$과 $\frac{7}{15}$의 공통분모가 될 수 있는 수 중에서 가장 작은 수는 10과 ☐ 의 ☐ 공배수입니다.

> 두 분수의 공통분모는 두 분모의 공배수입니다.

03 분수의 크기를 비교하여 작은 수부터 차례로 쓰시오.

$$\frac{2}{5} \qquad \frac{1}{2} \qquad \frac{7}{9}$$

( )

문제 **해결 전략** [3]

· $\left(\frac{2}{5}, \frac{1}{2}\right) \Rightarrow \left(\frac{4}{10}, \frac{\square}{10}\right)$

· $\left(\frac{1}{2}, \frac{7}{9}\right) \Rightarrow \left(\frac{9}{18}, \frac{\square}{18}\right)$

답 [1] 8, 7 [2] 15, 최소 [3] 5, 14

04 계산 결과를 비교하여 ◯ 안에 >, =, <를 알맞게 써넣으시오.

$$\frac{1}{6}+\frac{3}{8} \;\bigcirc\; \frac{7}{8}-\frac{5}{12}$$

05 민호는 집에서 박물관을 가는 데 $4\frac{1}{3}$ km는 전철을 타고 갔고, $3\frac{2}{5}$ km 는 버스를 타고 갔습니다. 민호네 집에서 박물관까지의 거리는 몇 km입 니까?

(   )

2주

06 가장 큰 수와 가장 작은 수의 차를 구하시오.

| $3\frac{5}{7}$ $2\frac{3}{5}$ $1\frac{1}{4}$ |

(   )

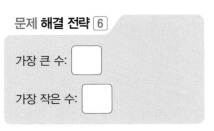

대분수는
자연수 부분이 클수록
더 큰 수입니다.

답 ④ 9, 10   ⑤ +, 버스   ⑥ $3\frac{5}{7}$, $1\frac{1}{4}$

핵심 예제 ❶

어떤 두 기약분수를 통분하였더니 다음과 같았습니다. 통분하기 전의 두 분수를 구하시오.

$$\frac{21}{36} \qquad \frac{22}{36}$$

(   )

전략

통분한 분수를 기약분수로 나타내면 통분하기 전의 분수가 됩니다.

풀이

$\frac{21}{36}$과 $\frac{22}{36}$를 각각 기약분수로 나타냅니다.

$\Rightarrow \frac{21}{36} = \frac{21 \div 3}{36 \div 3} = \frac{7}{12}, \ \frac{22}{36} = \frac{22 \div 2}{36 \div 2} = \frac{11}{18}$

답 $\frac{7}{12}, \frac{11}{18}$

1-1 어떤 두 기약분수를 통분하였더니 다음과 같았습니다. 통분하기 전의 두 분수를 구하시오.

$$\frac{12}{45} \qquad \frac{25}{45}$$

(   )

1-2 어떤 두 기약분수를 통분하였더니 다음과 같았습니다. 통분하기 전의 두 분수를 구하시오.

$$\frac{28}{72} \qquad \frac{39}{72}$$

(   )

핵심 예제 ❷

$\frac{15}{20}$와 크기가 같은 분수 중에서 분모가 24인 분수를 구하시오.

(   )

전략

$\frac{15}{20}$를 기약분수로 나타낸 후 분모가 24가 되려면 분모에 몇을 곱해야 하는지 알아봅니다.

풀이

분모 20에 어떤 자연수를 곱해도 24가 될 수 없으므로 $\frac{15}{20}$를 먼저 기약분수로 나타냅니다.

$\Rightarrow \frac{15}{20} = \frac{15 \div 5}{20 \div 5} = \frac{3}{4} \Rightarrow \frac{3}{4} = \frac{3 \times 6}{4 \times 6} = \frac{18}{24}$

답 $\frac{18}{24}$

2-1 $\frac{20}{35}$과 크기가 같은 분수 중에서 분모가 49인 분수를 구하시오.

(   )

2-2 $\frac{35}{56}$와 크기가 같은 분수 중에서 분모가 64인 분수를 구하시오.

(   )

분수를 약분하거나 분모와 분자에 각각 0이 아닌 같은 수를 곱해도 분수의 크기는 변하지 않습니다.

핵심 예제 ❸

분모와 분자의 차가 21이고 기약분수로 나타내면 $\frac{4}{7}$인 분수를 구하시오.

(   )

전략

약분하기 전의 분수를 $\frac{4 \times \square}{7 \times \square}$와 같이 나타낸 후 분모와 분자의 차가 21이 되는 $\square$를 구합니다.

풀이

약분하기 전의 분수: $\frac{4 \times \square}{7 \times \square}$

(분모)$-$(분자)$=7 \times \square - 4 \times \square = 21$, $3 \times \square = 21$, $\square = 7$

$\Rightarrow \frac{4 \times 7}{7 \times 7} = \frac{28}{49}$

답 $\frac{28}{49}$

3-1 분모와 분자의 차가 32이고 기약분수로 나타내면 $\frac{5}{9}$인 분수를 구하시오.

(   )

3-2 분모와 분자의 차가 45이고 기약분수로 나타내면 $\frac{7}{12}$인 분수를 구하시오.

(   )

핵심 예제 ❹

$\square$ 안에 들어갈 수 있는 자연수를 모두 구하시오.

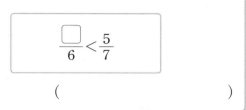

$$\frac{\square}{6} < \frac{5}{7}$$

(   )

전략

분모가 다른 두 분수의 크기를 비교할 때에는 먼저 두 분수를 통분해야 합니다.

풀이

$\frac{\square}{6} = \frac{\square \times 7}{6 \times 7} = \frac{\square \times 7}{42}$, $\frac{5}{7} = \frac{5 \times 6}{7 \times 6} = \frac{30}{42}$

$\Rightarrow \frac{\square \times 7}{42} < \frac{30}{42}$에서 $\square \times 7 < 30$이므로 $\square$ 안에 들어갈 수 있는 자연수는 1, 2, 3, 4입니다.

답 1, 2, 3, 4

4-1 $\square$ 안에 들어갈 수 있는 자연수를 모두 구하시오.

$$\frac{\square}{8} < \frac{7}{9}$$

(   )

4-2 $\square$ 안에 들어갈 수 있는 자연수를 모두 구하시오.

$$\frac{\square}{9} < \frac{6}{11}$$

(   )

핵심 예제 ❺

□ 안에 들어갈 수 있는 가장 큰 자연수를 구하시오.

$$2\frac{4}{5}+1\frac{2}{3}>\boxed{}$$

(   )

전략

분수의 합을 계산한 다음 범위에 알맞은 자연수를 구합니다.

풀이

$$2\frac{4}{5}+1\frac{2}{3}=2\frac{12}{15}+1\frac{10}{15}=3\frac{22}{15}=4\frac{7}{15}$$

따라서 $4\frac{7}{15}>\square$에서 □ 안에 들어갈 수 있는 가장 큰 자연수는 4입니다.

답 4

5-1 □ 안에 들어갈 수 있는 가장 큰 자연수를 구하시오.

$$1\frac{1}{2}+4\frac{5}{7}>\boxed{}$$

(   )

5-2 □ 안에 들어갈 수 있는 가장 큰 자연수를 구하시오.

$$9\frac{1}{5}-3\frac{1}{4}>\boxed{}$$

(   )

핵심 예제 ❻

3장의 수 카드를 한 번씩만 사용하여 만들 수 있는 대분수 중에서 가장 큰 수와 가장 작은 수의 합을 구하시오.

(   )

전략

• 가장 큰 대분수: 자연수 부분에 가장 큰 수를 놓고 나머지 수로 진분수를 만듭니다.
• 가장 작은 대분수: 자연수 부분에 가장 작은 수를 놓고 나머지 수로 진분수를 만듭니다.

풀이

가장 큰 대분수: $5\frac{1}{3}$, 가장 작은 대분수: $1\frac{3}{5}$

$$\Rightarrow 5\frac{1}{3}+1\frac{3}{5}=5\frac{5}{15}+1\frac{9}{15}=6\frac{14}{15}$$

답 $6\frac{14}{15}$

6-1 3장의 수 카드를 한 번씩만 사용하여 만들 수 있는 대분수 중에서 가장 큰 수와 가장 작은 수의 합을 구하시오.

(   )

6-2 3장의 수 카드를 한 번씩만 사용하여 만들 수 있는 대분수 중에서 가장 큰 수와 가장 작은 수의 차를 구하시오.

(   )

핵심 예제 7

어떤 일을 하는 데 하루 동안 근우는 전체의 $\frac{1}{4}$을 할 수 있고 경수는 전체의 $\frac{1}{12}$을 할 수 있습니다. 이 일을 두 사람이 함께 한다면 일을 끝내는 데 며칠이 걸립니까? (단, 쉬는 날은 없습니다.)

( )

전략

하루 동안 두 사람이 함께 할 수 있는 일의 양은 전체의 몇 분의 몇인지 구한 후 전체 일의 양은 1임을 이용합니다.

풀이

하루 동안 두 사람이 함께 할 수 있는 일의 양은 전체의

$\frac{1}{4}+\frac{1}{12}=\frac{3}{12}+\frac{1}{12}=\frac{4}{12}=\frac{1}{3}$입니다.

⇨ $\frac{1}{3}$이 3개이면 $\frac{3}{3}=1$이므로 일을 끝내는 데 3일이 걸립니다.

답 3일

7-1 어떤 일을 하는 데 하루 동안 안나는 전체의 $\frac{1}{12}$을 할 수 있고 정희는 전체의 $\frac{1}{24}$을 할 수 있습니다. 이 일을 두 사람이 함께 한다면 일을 끝내는 데 며칠이 걸립니까? (단, 쉬는 날은 없습니다.)

( )

7-2 어떤 일을 하는 데 하루 동안 진호는 전체의 $\frac{1}{10}$을 할 수 있고 학우는 전체의 $\frac{1}{15}$을 할 수 있습니다. 이 일을 두 사람이 함께 한다면 일을 끝내는 데 며칠이 걸립니까? (단, 쉬는 날은 없습니다.)

( )

핵심 예제 8

$\frac{11}{12}$을 서로 다른 세 단위분수의 합으로 나타내시오.

$\boxed{\frac{11}{12}}$ ⇨ _____

전략

분모의 약수 중 합이 분자가 되는 세 수를 찾아 덧셈식을 만듭니다.

풀이

12의 약수는 1, 2, 3, 4, 6, 12이고 이 중에서 세 수의 합이 11인 경우는 1＋4＋6＝11입니다.

⇨ $\frac{11}{12}=\frac{1}{12}+\frac{4}{12}+\frac{6}{12}=\frac{1}{12}+\frac{1}{3}+\frac{1}{2}$

답 예 $\frac{1}{2}+\frac{1}{3}+\frac{1}{12}$

8-1 $\frac{13}{18}$을 서로 다른 세 단위분수의 합으로 나타내시오.

$\boxed{\frac{13}{18}}$ ⇨ _____

8-2 $\frac{11}{30}$을 서로 다른 세 단위분수의 합으로 나타내시오.

$\boxed{\frac{11}{30}}$ ⇨ _____

단위분수는 분자가 1인 분수입니다.

01 어떤 분수의 분자에서 3을 뺀 다음 분모와 분자를 각각 8로 나누어 약분하였더니 $\frac{2}{3}$가 되었습니다. 어떤 분수를 구하시오.

(   )

Tip ①

· 약분하기 전의 분수는 $\frac{2}{3}$의 분모와 분자에 각각 ☐을/를 곱한 분수입니다.

· 분자에서 3을 빼기 전의 분수는 약분하기 전의 분수의 분자에 ☐을/를 더한 분수입니다.

02 $\frac{7}{9}$과 크기가 같은 분수 중에서 분모와 분자의 합이 80인 분수를 구하시오.

(   )

Tip ②

크기가 같은 분수를 만들려면 분모와 ☐에 각각 ☐이/가 아닌 같은 수를 곱해야 합니다.

03 ☐ 안에 들어갈 수 있는 자연수를 모두 구하시오.

$$\frac{3}{5} < \frac{\boxed{}}{10} < \frac{5}{6}$$

(   )

Tip ③

두 분수씩 분모를 같게 ☐한 후 ☐의 크기를 비교합니다.

04 두 분수를 공통분모가 150과 200 사이의 수가 되도록 통분하시오.

$$\frac{8}{15} \qquad \frac{13}{20}$$

(   )

Tip ④

두 분모의 공배수가 ☐분모가 될 수 있습니다.

분모 15와 ☐의 최소공배수의 배수 중에서 150과 200 사이의 수를 알아봅니다.

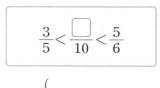

두 수의 공배수는 두 수의 최소공배수의 배수와 같습니다.

답 **Tip** ① 8, 3 ② 분자, 0

답 **Tip** ③ 통분, 분자 ④ 공통, 20

05 ☐ 안에 들어갈 수 있는 자연수는 모두 몇 개입니까?

$$\frac{7}{9} - \frac{1}{2} < \frac{\square}{36} < \frac{3}{4} + \frac{1}{6}$$

(   )

Tip ⑤

$\left(\dfrac{7}{9} - \dfrac{1}{2}\right)$과 $\left(\dfrac{3}{4} + \dfrac{1}{6}\right)$을 각각 계산한 후 $\dfrac{\square}{36}$와 분모를 같게 ☐ 합니다. 통분한 분수는 분모가 같으므로 ☐ 을/를 비교하여 ☐ 안에 들어갈 수 있는 자연수를 구합니다.

06 주어진 수 중 두 수를 골라 그 합을 구했을 때 가장 큰 값을 구하시오.

$$1\frac{4}{9} \qquad 2\frac{7}{10} \qquad 3\frac{1}{4} \qquad 4\frac{2}{5}$$

(   )

Tip ⑥

합이 가장 크려면 가장 ☐ 수와 둘째로 ☐ 수를 더해야 합니다.

07 어떤 일을 끝내는 데 지호 혼자 하면 8일이 걸리고 연서 혼자 하면 24일이 걸립니다. 이 일을 두 사람이 함께 한다면 일을 끝내는 데 며칠이 걸립니까? (단, 두 사람이 하루 동안 할 수 있는 일의 양은 각각 일정하고 쉬는 날은 없습니다.)

(   )

Tip ⑦

하루 동안 지호가 할 수 있는 일의 양: 전체의 $\dfrac{1}{\square}$

하루 동안 연서가 할 수 있는 일의 양: 전체의 $\dfrac{1}{\square}$

일을 끝내는 데 ■일이 걸린다면 하루 동안 할 수 있는 일의 양은 $\dfrac{1}{■}$입니다.

08 복숭아를 담은 바구니의 무게가 $5\dfrac{7}{8}$ kg입니다. 복숭아의 반을 먹고 무게를 재어 보니 $3\dfrac{5}{12}$ kg이었습니다. 빈 바구니의 무게는 몇 kg입니까?

(   )

Tip ⑧

(빈 바구니의 무게)
=(복숭아의 반을 먹고 잰 무게)
☐ (☐ 의 무게의 반)

답 **Tip** ⑤ 통분, 분자 ⑥ 큰, 큰

답 **Tip** ⑦ 8, 24 ⑧ −, 복숭아

핵심 예제 ①

약분하면 $\dfrac{5}{6}$가 되는 분수 중에서 분모가 100에 가장 가까운 분수를 구하시오.

( )

전략

분모에 어떤 수를 곱했을 때 100에 가장 가까운 수가 되는지 알아본 후 분모에 곱한 수를 분자에도 곱합니다.

풀이

$6 \times 16 = 96$, $6 \times 17 = 102$이므로 100에 가장 가까운 수는 102입니다.

102는 분모에 17을 곱한 수이므로 분자에도 17을 곱합니다.

$$\Rightarrow \frac{5}{6} = \frac{5 \times 17}{6 \times 17} = \frac{85}{102}$$

답 $\dfrac{85}{102}$

1-1 약분하면 $\dfrac{3}{8}$이 되는 분수 중에서 분모가 150에 가장 가까운 분수를 구하시오.

( )

1-2 약분하면 $\dfrac{7}{9}$이 되는 분수 중에서 분모가 200에 가장 가까운 분수를 구하시오.

( )

핵심 예제 ②

3장의 수 카드 중에서 2장을 골라 한 번씩만 사용하여 만들 수 있는 진분수 중에서 가장 큰 수를 소수로 나타내시오.

( )

전략

진분수를 모두 만든 후 두 수씩 크기를 비교합니다.

풀이

만들 수 있는 진분수: $\dfrac{1}{3}$, $\dfrac{1}{5}$, $\dfrac{3}{5}$

$\dfrac{1}{3} > \dfrac{1}{5}$, $\dfrac{1}{5} < \dfrac{3}{5}$, $\dfrac{1}{3}\left(=\dfrac{5}{15}\right) < \dfrac{3}{5}\left(=\dfrac{9}{15}\right) \Rightarrow \dfrac{3}{5} > \dfrac{1}{3} > \dfrac{1}{5}$

따라서 가장 큰 수는 $\dfrac{3}{5}$이고 $\dfrac{3}{5} = \dfrac{6}{10} = 0.6$입니다.

답 0.6

2-1 3장의 수 카드 중에서 2장을 골라 한 번씩만 사용하여 만들 수 있는 진분수 중에서 가장 큰 수를 소수로 나타내시오.

( )

2-2 3장의 수 카드 중에서 2장을 골라 한 번씩만 사용하여 만들 수 있는 진분수 중에서 가장 큰 수를 소수로 나타내시오.

( )

핵심 예제 ❸

$\dfrac{5}{8}$와 $\dfrac{11}{12}$ 사이의 분수 중에서 분모가 24인 기약분수를 모두 구하시오.

(   )

전략

$\dfrac{5}{8}$와 $\dfrac{11}{12}$을 분모가 24인 분수로 통분한 후 두 분수 사이의 분수부터 알아봅니다.

풀이

$\left(\dfrac{5}{8},\ \dfrac{11}{12}\right) \Rightarrow \left(\dfrac{15}{24},\ \dfrac{22}{24}\right)$이므로 $\dfrac{15}{24}$와 $\dfrac{22}{24}$ 사이의 분수 중에서 분모가 24인 분수는 $\dfrac{16}{24},\ \dfrac{17}{24},\ \dfrac{18}{24},\ \dfrac{19}{24},\ \dfrac{20}{24},\ \dfrac{21}{24}$입니다.

이 중에서 기약분수는 $\dfrac{17}{24},\ \dfrac{19}{24}$입니다.

답 $\dfrac{17}{24},\ \dfrac{19}{24}$

3-1 $\dfrac{7}{12}$과 $\dfrac{13}{18}$ 사이의 분수 중에서 분모가 36인 기약분수를 모두 구하시오.

(   )

3-2 $\dfrac{9}{16}$와 $\dfrac{17}{24}$ 사이의 분수 중에서 분모가 48인 기약분수를 모두 구하시오.

(   )

핵심 예제 ❹

$\dfrac{7}{15}$의 분자에 21을 더했을 때 분모에 얼마를 더해야 분수의 크기가 변하지 않는지 구하시오.

(   )

전략

분자에 21을 더한 값이 분자에 얼마를 곱한 값과 같은지 알아보고 분모에도 같은 수를 곱해야 분수의 크기가 변하지 않습니다.

풀이

분모에 더해야 하는 수를 □라 하면

$\dfrac{7}{15} = \dfrac{7+21}{15+□} = \dfrac{28}{15+□}$이고 $7 \times 4 = 28$이므로 분모에 4를 곱해야 분수의 크기가 변하지 않습니다.

$\Rightarrow 15 \times 4 = 15 + □$, $60 = 15 + □$, $□ = 45$

답 45

4-1 $\dfrac{14}{17}$의 분자에 56을 더했을 때 분모에 얼마를 더해야 분수의 크기가 변하지 않는지 구하시오.

(   )

4-2 $\dfrac{13}{20}$의 분자에 65를 더했을 때 분모에 얼마를 더해야 분수의 크기가 변하지 않는지 구하시오.

(   )

2주

분모와 분자의 공약수가 1뿐인 분수를 기약분수라고 합니다.

핵심 예제 ❺

무게가 같은 사과 2개의 무게는 $\frac{4}{5}$ kg이고 무게가 같은 배 3개의 무게는 $\frac{6}{7}$ kg입니다. 사과 1개와 배 1개의 무게의 합은 몇 kg입니까?

( )

전략

$\frac{4}{5}$는 같은 분수 2개의 합으로, $\frac{6}{7}$은 같은 분수 3개의 합으로 나타내어 사과 1개와 배 1개의 무게를 각각 구합니다.

풀이

$\frac{4}{5} = \frac{2}{5} + \frac{2}{5}$이므로 사과 1개의 무게는 $\frac{2}{5}$ kg입니다.

$\frac{6}{7} = \frac{2}{7} + \frac{2}{7} + \frac{2}{7}$이므로 배 1개의 무게는 $\frac{2}{7}$ kg입니다.

⇨ $\frac{2}{5} + \frac{2}{7} = \frac{14}{35} + \frac{10}{35} = \frac{24}{35}$ (kg)

답 $\frac{24}{35}$ kg

핵심 예제 ❻

어떤 수에 $\frac{2}{3}$를 더해야 할 것을 잘못하여 $\frac{2}{3}$를 뺐더니 $3\frac{1}{4}$이 되었습니다. 바르게 계산한 값을 구하시오.

( )

전략

잘못 계산한 식을 이용하여 어떤 수를 구한 후 어떤 수에 $\frac{2}{3}$를 더한 값을 구합니다.

풀이

어떤 수를 □라 하면 $\square - \frac{2}{3} = 3\frac{1}{4}$입니다.

⇨ $\square = 3\frac{1}{4} + \frac{2}{3} = 3\frac{3}{12} + \frac{8}{12} = 3\frac{11}{12}$

따라서 바르게 계산하면

$3\frac{11}{12} + \frac{2}{3} = 3\frac{11}{12} + \frac{8}{12} = 3\frac{19}{12} = 4\frac{7}{12}$입니다.

답 $4\frac{7}{12}$

5-1 무게가 같은 참외 2개의 무게는 $\frac{8}{9}$ kg이고 무게가 같은 감 3개의 무게는 $\frac{9}{10}$ kg입니다. 참외 1개와 감 1개의 무게의 합은 몇 kg입니까?

( )

6-1 어떤 수에 $\frac{2}{5}$를 더해야 할 것을 잘못하여 $\frac{2}{5}$를 뺐더니 $2\frac{1}{3}$이 되었습니다. 바르게 계산한 값을 구하시오.

( )

5-2 무게가 같은 키위 3개의 무게는 $\frac{3}{5}$ kg이고 무게가 같은 귤 4개의 무게는 $\frac{8}{11}$ kg입니다. 키위 1개와 귤 1개의 무게의 합은 몇 kg입니까?

( )

6-2 어떤 수에서 $\frac{3}{7}$을 빼야 할 것을 잘못하여 $\frac{3}{7}$을 더했더니 $3\frac{1}{2}$이 되었습니다. 바르게 계산한 값을 구하시오.

( )

핵심 예제 ⑦

민준이는 $1\frac{1}{3}$시간 동안 운동을 하고 $1\frac{1}{4}$시간 동안 숙제를 했습니다. 민준이가 운동과 숙제를 한 시간은 모두 몇 시간 몇 분입니까?

(   )

전략

1시간은 60분이므로 1분 $=\frac{1}{60}$시간임을 이용합니다.

풀이

(운동과 숙제를 한 시간)

$=1\frac{1}{3}+1\frac{1}{4}=1\frac{4}{12}+1\frac{3}{12}=2\frac{7}{12}=2\frac{35}{60}$(시간)

⇨ $2\frac{35}{60}$시간 $=2$시간 35분

답 2시간 35분

7-1 지후는 $1\frac{2}{5}$시간 동안 독서를 하고 $2\frac{1}{3}$시간 동안 공부를 했습니다. 지후가 독서와 공부를 한 시간은 모두 몇 시간 몇 분입니까?

(   )

7-2 승민이는 $2\frac{3}{4}$시간 동안 영화를 보고 $1\frac{1}{5}$시간 동안 과학책을 보았습니다. 승민이가 영화와 과학책을 본 시간은 모두 몇 시간 몇 분입니까?

(   )

핵심 예제 ⑧

혜지는 동화책을 어제까지 전체의 $\frac{3}{4}$을 읽었고 오늘은 전체의 $\frac{1}{6}$을 읽었습니다. 동화책 전체가 144쪽일 때 남은 쪽수는 몇 쪽입니까?

(   )

전략

남은 부분은 전체의 몇 분의 몇인지 구한 후 전체는 1임을 이용합니다.

풀이

오늘까지 읽은 양은 전체의 $\frac{3}{4}+\frac{1}{6}=\frac{9}{12}+\frac{2}{12}=\frac{11}{12}$이므로 남은 부분은 전체의 $1-\frac{11}{12}=\frac{12}{12}-\frac{11}{12}=\frac{1}{12}$입니다.

⇨ $\frac{1}{12}=\frac{1\times12}{12\times12}=\frac{12}{144}$이므로 남은 쪽수는 12쪽입니다.

답 12쪽

8-1 수정이는 동화책을 어제까지 전체의 $\frac{7}{10}$을 읽었고 오늘은 전체의 $\frac{1}{15}$을 읽었습니다. 동화책 전체가 120쪽일 때 남은 쪽수는 몇 쪽입니까?

(   )

8-2 정민이는 동화책을 어제까지 전체의 $\frac{7}{9}$을 읽었고 오늘은 전체의 $\frac{1}{12}$을 읽었습니다. 동화책 전체가 180쪽일 때 남은 쪽수는 몇 쪽입니까?

(   )

2주

■$\frac{▲}{60}$시간은

■시간 ▲분입니다.

약분과 통분, 분수의 덧셈과 뺄셈

01 분수와 소수의 크기를 비교하여 큰 수부터 차례로 쓰시오.

$$1.08 \quad 1\frac{1}{4} \quad 1.47 \quad 1\frac{3}{8}$$

( )

Tip 1

- $1\frac{1}{4}=1\frac{25}{100}=\boxed{}$
- $1\frac{3}{8}=1\frac{375}{1000}=\boxed{}$

02 약분하여 만들 수 있는 분수의 개수가 더 많은 것의 기호를 쓰시오.

$$\text{㉠ } \frac{24}{36} \quad \text{㉡ } \frac{45}{60}$$

( )

Tip 2

1을 제외한 분모와 $\boxed{}$의 $\boxed{}$의 개수를 비교합니다.

03 다음 조건을 모두 만족하는 수는 모두 몇 개입니까?

조건
- 0.36보다 크고 0.64보다 작습니다.
- 분모가 25입니다.
- 기약분수입니다.

( )

Tip 3

0.36과 0.64를 $\boxed{}$이/가 100인 분수로 나타낸 후 약분하여 분모가 $\boxed{}$인 분수로 나타냅니다.

04 $\frac{8}{19}$의 분모에 76을 더했을 때 분자에 얼마를 더해야 분수의 크기가 변하지 않는지 구하시오.

( )

Tip 4

분모에 $\boxed{}$을/를 더한 값이 분모에 얼마를 곱한 값과 같은지 알아보고 분자에도 $\boxed{}$ 수를 곱해야 분수의 크기가 변하지 않습니다.

분수의 크기가 변하지 않으려면 분모와 분자에 같은 수를 곱해야 합니다.

답 **Tip** ① 1.25, 1.375 ② 분자, 공약수   답 **Tip** ③ 분모, 25 ④ 76, 같은

05 네 변의 길이의 합이 $10\frac{8}{9}$ cm이고 세로가 $2\frac{1}{3}$ cm인 직사각형의 가로는 몇 cm입니까?

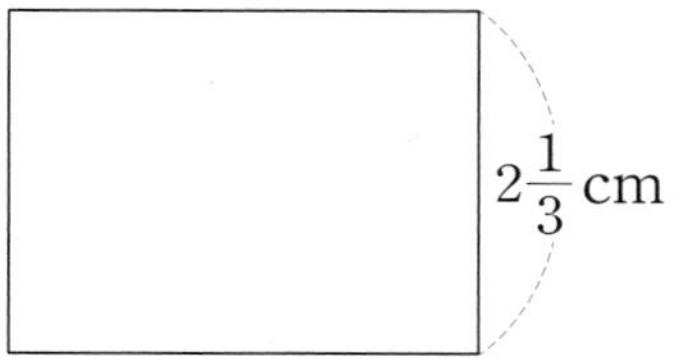

$2\frac{1}{3}$ cm

( )

Tip 5

직사각형의 ▢ 변의 길이의 합은 가로와 ▢▢▢의 합을 2번 더한 길이입니다.

06 다음과 같이 길이가 $5\frac{1}{7}$ cm인 색 테이프 2장을 겹쳐서 이어 붙였더니 전체 길이가 $7\frac{9}{14}$ cm가 되었습니다. 겹쳐진 부분의 길이는 몇 cm입니까?

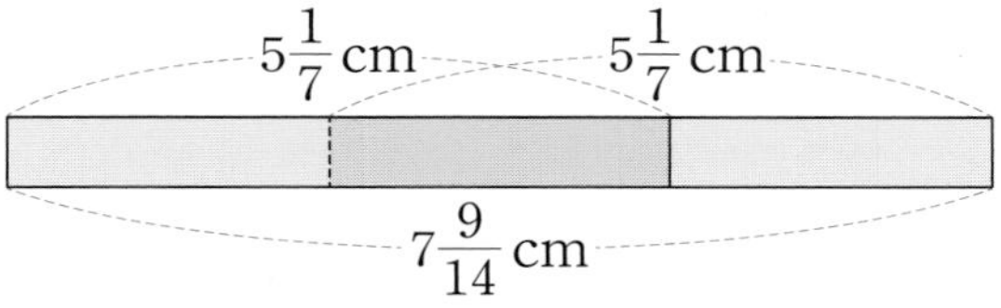

$5\frac{1}{7}$ cm $5\frac{1}{7}$ cm

$7\frac{9}{14}$ cm

( )

Tip 6

(겹쳐진 부분의 길이)
=(색 테이프 2장의 길이의 ▢)
▢(이어 붙여 만든 색 테이프의 전체 길이)

07 주어진 세 수를 오른쪽 식의 ▢ 안에 한 번씩만 써넣어 계산 결과를 구했을 때 가장 큰 값을 구하시오.

$\frac{1}{3}$ $\frac{1}{5}$ $\frac{1}{10}$ ▢+▢−▢

( )

Tip 7

계산 결과가 가장 크려면
(가장 큰 수) ▢ (둘째로 큰 수) ▢ (가장 작은 수)를 구해야 합니다.

08 지수는 할머니 댁에 가는 데 오후 1시에 출발하여 택시로 $\frac{1}{10}$시간, 걸어서 7분, 기차로 $1\frac{5}{12}$시간을 갔습니다. 지수가 할머니 댁에 도착한 시각은 오후 몇 시 몇 분입니까?

오후 ( )

Tip 8

1시간은 ▢▢분이므로 1분=$\frac{1}{60}$시간임을 이용하면 지수가 걸어간 시간은 $\frac{▢}{60}$시간입니다.

01 $\frac{18}{30}$과 크기가 같은 분수를 모두 찾아 ○표 하시오.

| $\frac{6}{15}$ | $\frac{9}{15}$ | $\frac{36}{90}$ | $\frac{54}{90}$ |

02 $\left(\frac{3}{10}, \frac{7}{15}\right)$을 통분한 것을 모두 찾아 기호를 쓰시오.

㉠ $\left(\frac{9}{30}, \frac{21}{30}\right)$ ㉡ $\left(\frac{18}{60}, \frac{28}{60}\right)$

㉢ $\left(\frac{27}{90}, \frac{42}{90}\right)$ ㉣ $\left(\frac{39}{120}, \frac{56}{120}\right)$

( )

03 분모가 10인 진분수 중에서 기약분수는 모두 몇 개입니까?

( )

04 안나네 학교 5학년 학생 150명 중에서 남학생은 70명입니다. 여학생은 전체의 몇 분의 몇인지 기약분수로 나타내시오.

( )

분모와 분자를 각각 분모와 분자의 최대공약수로 나누면 기약분수가 됩니다.

05 ☐ 안에 들어갈 수 있는 자연수를 모두 구하시오.

$$\frac{\square}{15} < 0.3$$

( )

06 ㉠과 ㉡의 합을 구하시오.

㉠ $\frac{1}{7}$이 5개인 수　㉡ $\frac{1}{9}$이 8개인 수

(　　　　　　　　)

07 가장 큰 수와 가장 작은 수의 차를 구하시오.

$1\frac{2}{3}$　　$2\frac{3}{4}$　　$3\frac{4}{5}$

(　　　　　　　　)

08 직사각형의 네 변의 길이의 합은 몇 m입니까?

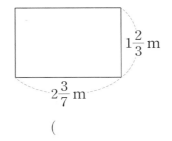

$1\frac{2}{3}$ m

$2\frac{3}{7}$ m

(　　　　　　　　)

09 다음과 같이 길이가 $4\frac{1}{4}$ m인 색 테이프 3장을 $1\frac{1}{5}$ m씩 겹치게 이어 붙였습니다. 이어 붙여 만든 색 테이프의 전체 길이는 몇 m입니까?

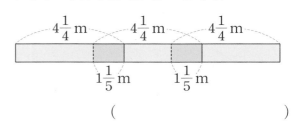

(　　　　　　　　)

10 기호 ▣에 대하여 '가▣나＝가－나＋$\frac{5}{12}$'라고 약속할 때 다음을 계산하시오.

$\frac{7}{8}$ ▣ $\frac{5}{6}$

(　　　　　　　　)

덧셈과 뺄셈이 섞여 있는 식은 앞에서부터 차례로 계산합니다.

01 어떤 분수의 분모와 분자에 각각 4를 더한 후 분모와 분자를 각각 5로 나누어 약분하였더니 $\frac{3}{4}$이 되었습니다. 빈칸에 알맞은 분수를 써넣으시오.

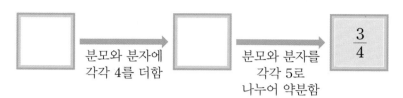

분모와 분자에 각각 4를 더함 → 분모와 분자를 각각 5로 나누어 약분함 → $\frac{3}{4}$

02 고대 이집트인들은 분수를 다음과 같이 나타내었다고 합니다. ⬚ 과 ⬚ 을 공통분모가 될 수 있는 수 중에서 가장 작은 수를 공통분모로 하여 통분하시오.

$\frac{1}{2}$	$\frac{1}{3}$	$\frac{1}{4}$	$\frac{1}{5}$	$\frac{1}{6}$	$\frac{1}{7}$	$\frac{1}{8}$	$\frac{1}{9}$	$\frac{1}{10}$

$$\left(\;\;,\;\; \right) \Rightarrow \left(\qquad,\qquad \right)$$

03 직사각형의 $\dfrac{(짧은 변의 길이)}{(긴 변의 길이)}$인 분수를 약분하여 기약분수로 나타내었더니 $\dfrac{4}{7}$가 되었습니다. 이 직사각형의 네 변의 길이의 합은 몇 cm입니까?

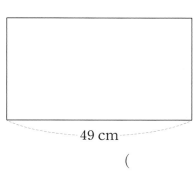

49 cm

(   )

Tip ③
• (긴 변의 길이)÷□=7
• (짧은 변의 길이)÷□=4

04 분모가 다른 두 진분수를 통분한 것입니다. □ 안에 들어갈 수 있는 자연수를 모두 구하시오.

$$\left(\dfrac{4}{9},\ \dfrac{11}{\bullet}\right) \Rightarrow \left(\dfrac{16}{36},\ \dfrac{\square}{36}\right)$$

(   )

Tip ④
$\dfrac{11}{\bullet}$은 진분수이므로 ●는 11보다 □ 고 공통분모가 36이므로 ●는 36의 □입니다.

답 Tip ③ 7, 7 ④ 크, 약수

2주

05 ◯ 안에 있는 자연수를 이용하여 일정한 규칙에 따라 대분수를 만들어 △ 안에 써넣고 있습니다. 빈 곳에 알맞은 대분수를 써넣고 △ 안에 있는 대분수 중 가장 큰 수와 가장 작은 수의 차를 구하시오.

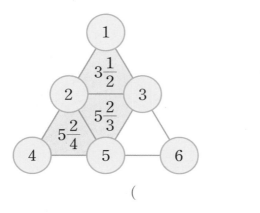

(   )

Tip ⑤

삼각형의 꼭짓점에 있는 세 수를 한 번씩만 사용하여 가장 [ ] 대분수를 만드는 규칙입니다. 3, 5, 6을 사용하여 만들 수 있는 가장 큰 대분수는 [ ]입니다.

06 시작에 $2\dfrac{1}{5}$을 넣어 실행했을 때 끝에 나오는 값을 구하시오.

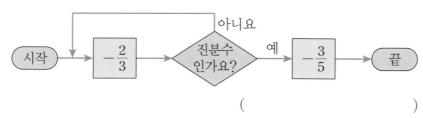

(   )

Tip ⑥

$2\dfrac{1}{5}$에서 $\dfrac{2}{3}$를 여러 번 뺀 값이 [ ]분수가 될 때 그 결과에서 [ ]을/를 뺍니다.

답 Tip ⑤ 큰, $6\dfrac{3}{5}$ ⑥ 진, $\dfrac{3}{5}$

07 코드를 실행하여 분수의 덧셈을 하려고 합니다. $5\frac{1}{4}$을 넣고 코드를 실행했을 때 화면에 보이는 수를 구하시오.

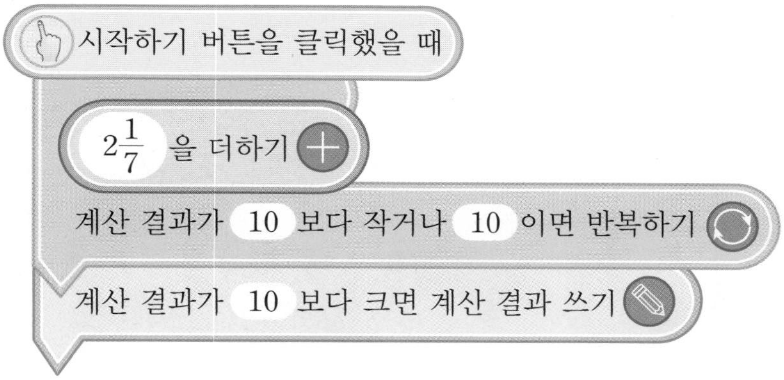

> 시작하기 버튼을 클릭했을 때

$2\frac{1}{7}$ 을 더하기 +

계산 결과가 10 보다 작거나 10 이면 반복하기 ↻

계산 결과가 10 보다 크면 계산 결과 쓰기 ✎

(   )

Tip ⑦
$5\frac{1}{4}$에 ☐ 을/를 여러 번 더한 값이 ☐ 보다 클 때 화면에 보입니다.

08 ㉠, ㉡, ㉢ 중 한 곳에서 시작하여 아래쪽으로 1칸, 오른쪽으로 2칸, 아래쪽으로 1칸을 가면서 만나는 곳을 순서대로 계산하였더니 1이 되었습니다. 시작한 곳의 기호와 그 기호가 나타내는 수를 차례로 쓰시오.

㉠	㉡	㉢
$-\frac{1}{6}$	$+\frac{1}{8}$	$-\frac{1}{4}$
$+\frac{1}{5}$	$-\frac{1}{9}$	$+\frac{1}{3}$

(   ), (   )

Tip ⑧
㉠, ㉡, ㉢ 중 아래쪽(↓)으로 1칸, 오른쪽(→)으로 2칸, 아래쪽(↓)으로 ☐ 칸을 갈 수 있는 곳은 ☐ 입니다.

2주

답 Tip ⑦ $2\frac{1}{7}$, 10 ⑧ 1, ㉠

01 고대 수학자인 피타고라스는 6을 '완전수'라고 불렀습니다. 다음을 보고 27과 28 중 '완전수'를 구하시오.

약수 중 자기 자신을 제외한 모든 수를 더한 값이 자기 자신이 되는 수를 완전수라고 합니다.

6의 약수: 1, 2, 3, 6 ⇨ 1+2+3=6

(   )

Tip ①

27의 약수: 1, 3, 9, ☐

28의 약수: 1, 2, 4, 7, 14, ☐

02 고속버스 터미널에 있는 버스 출발 시간표입니다. 경주행 버스와 전주행 버스가 오전 8시에 처음으로 동시에 출발한다면 네 번째로 동시에 출발하는 시각은 오전 몇 시 몇 분입니까?

순서	경주행	전주행
첫 번째	오전 8시	오전 8시
두 번째	오전 8시 15분	오전 8시 25분
세 번째	오전 8시 30분	오전 8시 50분
⋮	⋮	⋮

오전 (   )

Tip ②

경주행 버스는 ☐분마다 출발하고 전주행 버스는 ☐분마다 출발합니다.

답 **Tip** ① 27, 28

답 **Tip** ② 15, 25

03 다음 을 모두 만족하는 ■가 될 수 있는 수 중에서 가장 큰 수를 구하시오.

조건
• ■는 120보다 작은 수입니다.
• 120과 ■의 최대공약수는 30입니다.

$$
\begin{array}{r}
2\,)\overline{120\quad ■} \\
3\,)\overline{60\quad ▲} \\
5\,)\overline{20\quad ●} \\
4\quad ★
\end{array}
$$

(   )

Tip ③

4와 ★은 ☐ 이외의 공약수가 없고 ★은 4보다 ☐ 수입니다.

04 연결된 공에 쓰인 두 수는 약수와 배수의 관계입니다. ㉠과 ㉡이 두 자리 수일 때 ㉠과 ㉡의 차가 가장 큰 경우의 값을 구하시오. (단, ㉠ > ㉡입니다.)

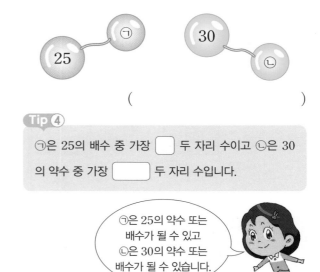

(   )

Tip ④

㉠은 25의 배수 중 가장 ☐ 두 자리 수이고 ㉡은 30의 약수 중 가장 ☐ 두 자리 수입니다.

㉠은 25의 약수 또는 배수가 될 수 있고 ㉡은 30의 약수 또는 배수가 될 수 있습니다.

05 화살표를 따라 이동하면서 크기가 같은 분수를 만들려고 합니다. 화살표의 약속에 따라 크기가 같은 분수를 만드시오.

> **약속**
> ➡ 분모와 분자를 각각 3으로 나눕니다.
> ⬇ 분모와 분자에 각각 2를 곱합니다.
> ⬅ 분모와 분자를 각각 4로 나눕니다.

$\dfrac{18}{24}$ ➡ ☐

⬇

☐ ⬅ ☐

> **Tip ⑤**
> $\dfrac{18}{24}$의 분모와 분자를 각각 3으로 나눈 후 분모와 분자에 각각 ☐ 을/를 곱하고 다시 분모와 분자를 각각 ☐ (으)로 나눕니다.

06 영수, 경희, 준서는 다음과 같은 분모 상자와 분자 상자를 각자 가지고 있습니다. 두 상자에서 각각 수를 한 개씩 꺼내어 영수는 $\dfrac{3}{10}$ 을, 경희는 $\dfrac{4}{15}$ 를 만들었고 준서는 영수와 경희가 만든 분수보다 큰 분수를 만들었습니다. 준서가 만든 분수를 구하시오.

분모 상자	분자 상자
10, 15, 20	1, 2, 3, 4

(   )

> **Tip ⑥**
> 먼저 영수와 경희가 만든 분수의 크기를 비교합니다.
> 영수: $\dfrac{3}{10} = \dfrac{☐}{30}$, 경희: $\dfrac{4}{15} = \dfrac{☐}{30}$

분모가 같은 때에는 분자가 클수록, 분자가 같을 때에는 분모가 작을수록 큰 수입니다.

답 **Tip** ⑤ 2, 4

답 **Tip** ⑥ 9, 8

07 이집트에서는 '호루스의 눈'이라는 그림이 전해져 내려옵니다. 호루스의 눈의 여섯 부분은 각각 분자가 1인 분수를 나타내고 이 분수들은 여섯 가지를 상징한다고 합니다. 후각, 시각, 생각을 상징하는 분수의 합을 구하시오.

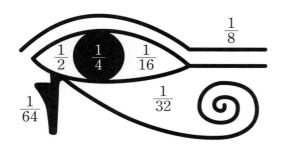

각각의 분수가 상징하는 것	
$\dfrac{1}{2}$: 후각	$\dfrac{1}{16}$: 청각
$\dfrac{1}{4}$: 시각	$\dfrac{1}{32}$: 미각
$\dfrac{1}{8}$: 생각	$\dfrac{1}{64}$: 촉각

(   )

Tip ⑦

분모 2, 4, 8의 최소공배수인 ☐(으)로 ☐한 후 계산합니다.

08 △ 안에 있는 두 분수의 합은 $5\dfrac{3}{4}$이고, ■ 안에 있는 두 분수의 합은 $6\dfrac{4}{9}$입니다. ㉠과 ㉡에 알맞은 수를 각각 구하시오.

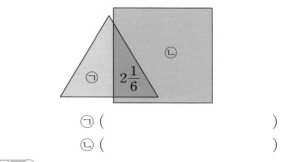

㉠ (   )
㉡ (   )

Tip ⑧

㉠$+2\dfrac{1}{6}=$☐이고, ㉡$+2\dfrac{1}{6}=$☐입니다.

■ + ▲ = ●
⇨ ■ = ● − ▲임을 이용합니다.

답 **Tip** ⑦ 8, 통분

답 **Tip** ⑧ $5\dfrac{3}{4}$, $6\dfrac{4}{9}$

01 준호는 4일마다, 연서는 6일마다 수영장에 갑니다. 두 사람이 3월 1일에 수영장에서 만났다면 바로 다음번에 다시 만나는 날짜를 구하고, 그때까지 준호는 수영장에 몇 번 더 가야 하는지 차례로 쓰시오.

(   ), (   )

03 가로가 30 cm, 세로가 45 cm인 직사각형 모양의 종이를 남는 부분 없이 크기가 같은 가장 큰 정사각형 모양 여러 개로 자르려고 합니다. 정사각형을 모두 몇 개 만들 수 있습니까?

(   )

> 가장 큰 정사각형의 한 변의 길이는 30과 45의 최대공약수입니다.

02 다음 네 자리 수는 6의 배수입니다. ☐ 안에 들어갈 수 있는 숫자를 모두 쓰시오.

$$645\boxed{}$$

(   )

04 5의 배수도 되고 3의 배수도 되는 수를 찾아 쓰시오.

2961	3860	6435	8479

(   )

05 두 수가 약수와 배수의 관계일 때 ☐ 안에 들어갈 수 있는 두 자리 수는 모두 몇 개입니까?

☐ (☐ , 24)

( )

07 7로 나누면 나머지가 6이고 9로 나누면 나머지가 8인 어떤 수가 있습니다. 어떤 수 중에서 300에 가장 가까운 수를 구하시오.

( )

06 100과 300 사이의 수 중에서 12와 16으로 나누어떨어지는 수는 모두 몇 개입니까?

( )

■와 ▲로 나누어떨어지는 수는 ■와 ▲의 공배수입니다.

08 109를 어떤 수로 나누면 나머지가 4이고 145를 어떤 수로 나누면 나머지가 5입니다. 어떤 수가 될 수 있는 수를 모두 구하시오.

( )

09 4장의 수 카드 중 3장을 골라 한 번씩만 사용하여 만들 수 있는 세 자리 수 중에서 4의 배수는 모두 몇 개입니까?

(   )

10 다음 세 자리 수가 가장 큰 9의 배수가 되도록 ☐ 안에 알맞은 수를 써넣으시오.

7 ☐ ☐

11 ㉠이 될 수 있는 수 중에서 가장 작은 수를 구하시오.

- 72와 ㉠의 최대공약수는 24입니다.
- 80과 ㉠의 최대공약수는 40입니다.

(   )

■와 ▲의 최대공약수가 ●이면 ■와 ▲는 ●의 배수입니다.

12 어떤 두 수의 합은 132, 최대공약수는 11, 최소공배수는 385입니다. 두 수를 모두 구하시오.

(   )

13 ■가 될 수 있는 수 중에서 가장 작은 수를 구하시오.

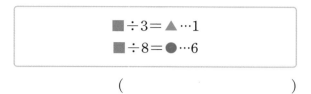

$$■ \div 3 = ▲ \cdots 1$$
$$■ \div 8 = ● \cdots 6$$

(   )

14 톱니 수가 42개인 톱니바퀴 ㉮와 톱니 수가 36개인 톱니바퀴 ㉯가 맞물려 돌아가고 있습니다. 톱니바퀴 ㉮가 1분 동안 2바퀴 돈다고 할 때 두 톱니바퀴의 톱니가 처음 맞물렸던 곳에서 다시 맞물리려면 톱니바퀴 ㉮는 최소한 몇 분 동안 돌아야 합니까?

(   )

15 자연수를 다음과 같이 차례로 늘어놓고 9의 배수를 모두 지웠습니다. 남은 수 중에서 100째에 있는 수를 쓰시오.

1, 2, 3, 4, 5, 6, 7, ...

(   )

9의 배수가 아닌 수 중에서 100째에 있는 수를 찾아야 합니다.

01 두 분수를 공통분모가 250에 가장 가까운 수가 되도록 통분하시오.

$$\frac{7}{12} \qquad \frac{9}{16}$$

(   )

02 ■와 ▲가 다음을 만족할 때 ■－▲의 값을 구하시오.

$$\frac{▲}{■} = \frac{5}{8} \qquad ■ + ▲ = 78$$

(   )

$\dfrac{▲}{■}$는 $\dfrac{5}{8}$와 크기가 같은 분수입니다.

03 어떤 분수의 분모와 분자에 각각 5를 더한 후 분모와 분자를 각각 7로 나누어 약분하였더니 $\frac{8}{13}$이 되었습니다. 어떤 분수를 구하시오.

(   )

04 3장의 수 카드 중에서 2장을 골라 한 번씩만 사용하여 만들 수 있는 진분수 중에서 $\frac{1}{2}$보다 큰 수를 소수로 나타내시오.

$$\boxed{3} \qquad \boxed{7} \qquad \boxed{8}$$

(   )

05 다음 을 모두 만족하는 수는 모두 몇 개입니까?

> **조건**
> • 0.45보다 크고 0.95보다 작습니다.
> • 분모가 20입니다.
> • 기약분수입니다.

(   )

06 분모가 77인 진분수 중에서 기약분수는 모두 몇 개입니까?

$$\frac{1}{77},\ \frac{2}{77},\ \frac{3}{77},\ \cdots,\ \frac{75}{77},\ \frac{76}{77}$$

(   )

분모와 분자에 1 이외의 공약수가 있으면 약분이 됨을 이용합니다.

07 바나나를 담은 바구니의 무게가 $5\frac{5}{9}$ kg입니다. 바나나의 반을 먹고 무게를 재어 보니 $3\frac{4}{15}$ kg이었습니다. 빈 바구니의 무게는 몇 kg입니까?

(   )

08 ☐ 안에 들어갈 수 있는 자연수는 모두 몇 개입니까?

$$\frac{4}{5}-\frac{1}{3}<\frac{\square}{60}<\frac{1}{4}+\frac{3}{5}$$

(   )

09 3장의 수 카드를 한 번씩만 사용하여 만들 수 있는 대분수 중에서 두 대분수의 차가 가장 클 때의 값을 구하시오.

(   )

10 경환이가 할머니 댁에 가는 데 오후 1시에 출발하여 기차로 $1\frac{2}{3}$시간, 버스로 $1\frac{1}{5}$시간, 택시로 10분을 갔습니다. 경환이가 할머니 댁에 도착한 시각은 오후 몇 시 몇 분입니까?

오후 (   )

11 양동이에 물이 $4\frac{2}{3}$ L 들어 있습니다. 이 중에서 $2\frac{1}{4}$ L를 사용한 후 $1\frac{7}{18}$ L를 채웠습니다. 양동이의 들이가 5 L일 때 양동이에 물을 가득 채우려면 물을 몇 L 더 부어야 합니까?

(   )

12 $\frac{5}{9}$를 서로 다른 세 단위분수의 합으로 나타내시오.

$$\boxed{\dfrac{5}{9}} \Rightarrow \underline{\hspace{5cm}}$$

크기가 같은 분수 중 분자를 분모의 약수의 합으로 나타낼 수 있는지 알아봅니다.

13 어떤 일을 끝내는 데 우재 혼자 하면 6일이 걸리고 준호 혼자 하면 12일이 걸립니다. 이 일을 두 사람이 함께 한다면 일을 끝내는 데 며칠이 걸립니까? (단, 두 사람이 하루 동안 할 수 있는 일의 양은 각각 일정하고 쉬는 날은 없습니다.)

(   )

14 일정한 규칙대로 분수를 늘어놓은 것입니다. 10째 분수와 20째 분수의 합을 구하시오.

$$1\frac{1}{2},\ 2\frac{3}{4},\ 3\frac{5}{6},\ 4\frac{7}{8},\ 5\frac{9}{10},\ \cdots$$

(   )

15 두 진분수의 크기가 같을 때 분자가 될 수 있는 수를 (㉠, ㉡)으로 나타내려고 합니다. 나타낼 수 있는 (㉠, ㉡)은 모두 몇 가지입니까?

$$\frac{㉠}{18},\qquad \frac{㉡}{27}$$

(   )

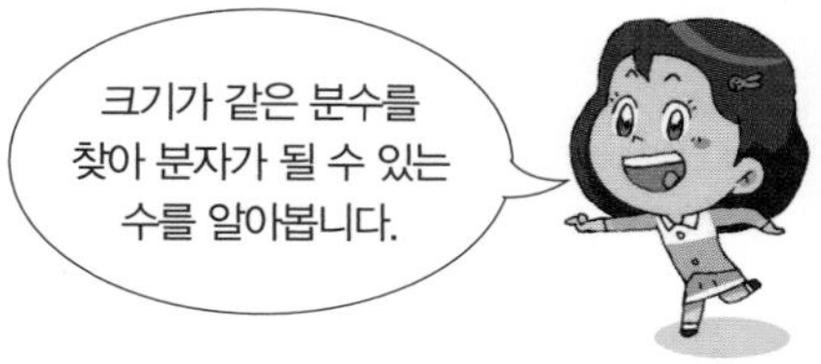

크기가 같은 분수를 찾아 분자가 될 수 있는 수를 알아봅니다.

일등전략

BOOK2

자연수의 혼합 계산

규칙과 대응

다각형의 둘레와 넓이

초등 **수학**

5·1

이 책의 구성과 특징

도입 만화

이번 주에 배울 내용의 핵심을 만화 또는 삽화로 제시하였습니다.

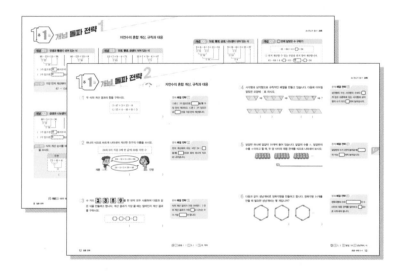

개념 돌파 전략 1, 2

개념 돌파 전략1에서는 단원별로 개념을 설명하고 개념의 원리를 확인하는 문제를 제시하였습니다.
개념 돌파 전략2에서는 개념을 알고 있는지 문제로 확인할 수 있습니다.

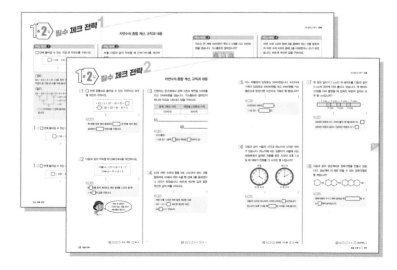

필수 체크 전략 1, 2

필수 체크 전략1에서는 단원별로 나오는 중요한 유형을 반복 연습할 수 있도록 하였습니다.
필수 체크 전략2에서는 추가적으로 나오는 다른 유형을 문제로 확인할 수 있도록 하였습니다.

부록 꼭 알아야 하는 대표 유형집

부록을 뜯으면 미니북으로 활용할 수 있습니다. 대표 유형을 확실하게 익혀 보세요.

주 마무리 평가

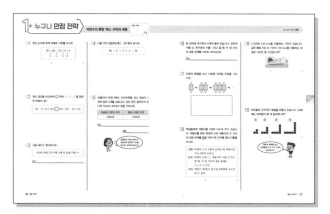

누구나 만점 전략

누구나 만점 전략에서는 주별로 꼭 기억해야 하는 문제를 제시하여 누구나 만점을 받을 수 있도록 하였습니다.

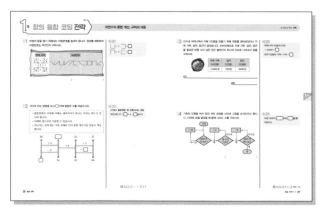

창의·융합·코딩 전략

창의·융합·코딩 전략에서는 새 교육과정에서 제시하는 창의, 융합, 코딩 문제를 쉽게 접근할 수 있도록 하였습니다.

마무리 코너

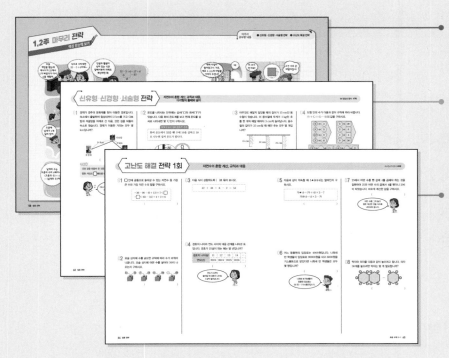

● **1, 2주 마무리 전략**
마무리 전략은 이미지로 정리하여 마무리할 수 있게 하였습니다.

● **신유형·신경향·서술형 전략**
신유형·신경향·서술형 전략은 새로운 유형도 연습하고 서술형 문제에 대한 적응력도 올릴 수 있습니다.

● **고난도 해결 전략 1회, 2회**
실제 시험에 대비하여 연습하도록 고난도 실전 문제를 2회로 구성하였습니다.

이 책의 차례

1~2주 | 마무리

자연수의 혼합 계산, 규칙과 대응, 다각형의 둘레와 넓이 58쪽

자연수의 혼합 계산, 규칙과 대응

개념 01 덧셈과 뺄셈이 섞여 있는 식

$$46-23+15=38$$
① 23
② 38

$$46-(23+15)=8$$
① 38
② 8

( )가 없으면 ❶ [ ]에서부터 차례로 계산합니다.

( )가 있으면 ❷ [ ]을/를 가장 먼저 계산합니다.

확인 01 가장 먼저 계산해야 하는 부분에 ○표 하시오.

$$67 - (16 + 31)$$

개념 02 곱셈과 나눗셈이 섞여 있는 식

$$60÷5×3=36$$
① 12
② 36

$$60÷(5×3)=4$$
① 15
② 4

( )가 없으면 ❶ [ ]에서부터 차례로 계산합니다.

( )가 있으면 ❷ [ ]을/를 가장 먼저 계산합니다.

확인 02 식의 계산 순서를 바르게 나타낸 사람의 이름을 쓰시오.

주현	성준
$72÷(6×4)$ ① ②	$72÷(6×4)$ ① ②

( )

개념 03 덧셈, 뺄셈, 곱셈이 섞여 있는 식

$$12+7×9-4=71$$
① 63
② 75
③ 71

$$12+7×(9-4)=47$$
① 5
② 35
③ 47

( )가 없으면 ❶ [ ]을/를 먼저 계산합니다.

( )가 있으면 ❷ [ ]을/를 가장 먼저 계산합니다.

확인 03 ☐ 안에 알맞은 수를 써넣으시오.

$$17×4+11-8=\boxed{}$$
68

개념 04 덧셈, 뺄셈, 나눗셈이 섞여 있는 식

$$55-16+24÷8=42$$
② 39 ① 3
③ 42

$$55-(16+24)÷8=50$$
① 40
② 5
③ 50

( )가 없으면 ❶ [ ]을/를 먼저 계산합니다.

( )가 있으면 ❷ [ ]을/를 가장 먼저 계산합니다.

확인 04 가장 먼저 계산해야 하는 부분의 기호를 쓰시오.

$$8+36÷9-3+5$$
㉠ ㉡ ㉢ ㉣

( )

답 개념 01 ❶앞 ❷( )안 개념 02 ❶앞 ❷( )안

답 개념 03 ❶곱셈 ❷( )안 개념 04 ❶나눗셈 ❷( )안

개념 05 덧셈, 뺄셈, 곱셈, 나눗셈이 섞여 있는 식

$$9 \times 8 - 6 \div 3 + 21 = 91$$
① 72 ② 2
③ 70
④ 91

$$9 \times (8 - 6) \div 3 + 21 = 27$$
① 2
② 18
③ 6
④ 27

( )가 없으면 곱셈과 ❶ [   ]을/를 가장 먼저 계산하고 앞에서부터 차례로 계산합니다.

( )가 있으면 ❷ [   ]을/를 가장 먼저 계산합니다.

확인 05 계산 순서에 맞게 ☐ 안에 알맞은 번호를 써넣으시오.

$$61 - 48 \div 8 \times (4 + 3)$$
[☐] [☐] [☐] [☐]

개념 06 문장을 하나의 식으로 나타내기

• 식을 세우고 계산하기

$$72와 48의 차를 3으로 나눈 수$$

먼저 계산하는 식을 ( )로 묶어 하나의 식으로 나타내면 $(72 ❶[\ ] 48) \div 3 = ❷[\ ]$입니다.

확인 06 식을 세우고 계산하시오.

$$53에서 11을 3배 한 값을 뺀 수$$

식 _____

개념 07 ☐ 안에 알맞은 수 구하기

$$41 - 64 \div 4 + [\ ] = 34$$

① 먼저 계산할 수 있는 부분을 먼저 찾아 계산합니다.

$$41 - 64 \div 4 + [\ ] = 41 - ❶[\ ] + [\ ] = 34$$

② 덧셈식과 뺄셈식의 관계를 이용하여 ☐를 구합니다.

$$25 + [\ ] = 34, \ [\ ] = 34 - ❷[\ ] = 9입니다.$$

확인 07 ☐ 안에 알맞은 수를 구하시오.

$$[\ ] + (24 - 6) \times 2 = 62$$

(   )

개념 08 수 카드로 혼합 계산식 만들기

• 수 카드 **3**, **5**, **9** 를 한 번씩 모두 사용하여 계산 결과가 가장 큰 식 만들기

$$36 \div ([\ ] - [\ ]) + [\ ]$$

나누는 수를 가장 작게 하면 계산 결과가 가장 커집니다. ⇨ $36 \div (5 - ❶[\ ]) + ❷[\ ] = 27$

확인 08 수 카드 **2**, **4**, **5** 를 한 번씩 모두 사용하여 다음과 같은 식을 만들려고 합니다. 계산 결과가 가장 클 때는 얼마인지 계산 결과를 구하시오.

$$72 \div ([\ ] + [\ ]) \times [\ ]$$

(   )

답 개념 05 ❶나눗셈 ❷( )안 개념 06 ❶- ❷8   답 개념 07 ❶16 ❷25 개념 08 ❶3 ❷9

개념 09 두 양 사이의 대응 관계 알아보기

•사각형의 수와 원의 수 사이의 대응 관계 알아보기

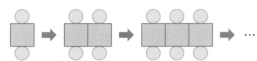

① 규칙 알아보기

사각형의 수가 1개씩 늘어날 때, 원의 수는 ❶ ⬜ 개씩 늘어납니다.

② 대응 관계 설명하기

> 원의 수는 사각형의 수의 2배입니다.
> 사각형의 수는 원의 수의 ❷ ⬜ 입니다.

확인 09 ⬜ 안에 알맞은 수를 써넣으시오.

> 삼각형의 수는 사각형의 수의 ⬜ 배입니다.

개념 10 대응 관계를 표로 나타내기

•사각형의 수와 삼각형의 수 사이의 대응 관계를 표로 나타내기

삼각형의 수는 사각형의 수보다 ❶ ⬜ 개 많습니다.

사각형의 수(개)	1	2	3	4	…
삼각형의 수(개)	2	3	4	❷ ⬜	…

확인 10 도형의 규칙적인 배열을 보고 표를 완성하시오.

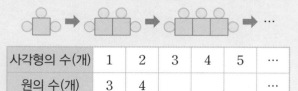

사각형의 수(개)	1	2	3	4	5	…
원의 수(개)	3	4				…

개념 11 대응 관계를 식으로 나타내기

•탁자의 수와 의자의 수 사이의 대응 관계를 식으로 나타내기

탁자의 수(개)	1	2	3	4	…
의자의 수(개)	4	8	12	16	…

> 탁자의 수가 1개씩 늘어날 때 의자의 수는 4개씩 늘어납니다.

⇩ ＋, －, ×, ÷ 중 알맞은 것 사용

> (탁자의 수)×❶ ⬜ ＝(의자의 수)
> (의자의 수)÷4＝(탁자의 수)

⇩ 탁자의 수: ☆, 의자의 수: △

> ☆×4＝△   △÷4＝❷ ⬜

확인 11 다음 그림과 같이 성냥개비로 정오각형을 만들고 있습니다. 표를 보고 정오각형의 수를 ○, 성냥개비의 수를 △라고 할 때, 두 양 사이의 대응 관계를 식으로 나타내시오.

정오각형의 수(개)	1	2	3	4	…
성냥개비의 수(개)	5	10	15	20	…

식 _____

> 대응 관계를 식으로 간단하게 나타낼 때는 각각의 양을 ○, ⬜, ☆, △ 등과 같은 기호로 표현할 수 있어요.

답 개념 09 ❶2 ❷반 개념 10 ❶1 ❷5

답 개념 11 ❶4 ❷☆

개념 12 규칙적인 배열에서 대응 관계 찾기

• 바둑돌의 배열에서 대응 관계 찾기

배열 순서	1	2	3	4	…
바둑돌의 수(개)	4	8	12	❶	…

배열 순서를 △, 바둑돌의 수를 ○라고 할 때, 두 양 사이의 대응 관계를 기호를 사용하여 식으로 나타내면
△×4=○ 또는 ○÷ ❷ =△

확인 12 그림을 보고 표를 완성하고, 배열 순서를 ☆, 바둑돌의 수를 □라고 할 때, 두 양 사이의 대응 관계를 식으로 바르게 나타낸 것을 찾아 ○표 하시오.

배열 순서	1	2	3	4	…
바둑돌의 수(개)					…

☆＋2=□	☆×3=□	☆＋3=□
( )	( )	( )

배열 순서가
1씩 커질 때 바둑돌의 수가
3개씩 늘어납니다.

답 **개념 12** ❶16 ❷4

개념 13 대응 관계를 이용하여 다른 한 수 구하기

• 팔걸이가 10개일 때 의자의 수 구하기

의자의 수(개)	1	2	3	4	…
팔걸이의 수(개)	2	3	4	5	…

대응 관계: (의자의 수)＋ ❶ ＝(팔걸이의 수)
또는 (팔걸이의 수)－1＝(의자의 수)
⇨ 팔걸이가 10개일 때 의자의 수는 ❷ 개입니다.

확인 13 다음을 읽고 물음에 답하시오.

(1) 책꽂이 한 칸에 책이 6권씩 꽂혀 있습니다. 책꽂이 8칸에 꽂을 수 있는 책은 모두 몇 권입니까?

(　　　　　)

(2) 피자 한 판 당 8조각씩 나누고 있습니다. 40조각으로 나누려면 피자는 몇 판이 필요합니까?

(　　　　　)

답 **개념 13** ❶1 ❷9

01 두 식의 계산 결과의 합을 구하시오.

> ㉠ $47 + 3 \times 13 - 8$
> ㉡ $15 \times 4 - (6 + 9) \div 3$

(   )

문제 해결 전략 1

㉠은 ( )가 없으므로 [   ]을/를 가장 먼저 계산하고, ㉡은 ( )가 있으므로 [   ] 안을 가장 먼저 계산합니다.

02 하나의 식으로 바르게 나타내어 계산한 친구의 이름을 쓰시오.

> 24와 5의 차를 3배 한 값에 39를 더한 수

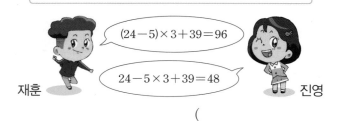

재훈 $(24 - 5) \times 3 + 39 = 96$

진영 $24 - 5 \times 3 + 39 = 48$

(   )

문제 해결 전략 2

먼저 계산해야 하는 식인 $24 - $ [   ] 을/를 [   ] (으)로 묶어 하나의 식으로 나타냅니다.

03 수 카드 **2**, **3**, **5**, **9** 를 한 번씩 모두 사용하여 다음과 같은 식을 만들려고 합니다. 계산 결과가 가장 클 때는 얼마인지 계산 결과를 구하시오.

> ([ ] + [ ] × [ ]) ÷ [ ]

(   )

문제 해결 전략 3

식의 계산 결과가 가장 크려면 ( ) 안의 계산 결과가 가장 [   ]고 나누는 수가 가장 [   ]야 합니다.

답 1 곱셈, ( ) 2 5, ( ) 3 크, 작아

04 사각형과 삼각형으로 규칙적인 배열을 만들고 있습니다. 다음에 이어질 알맞은 모양에 ○표 하시오.

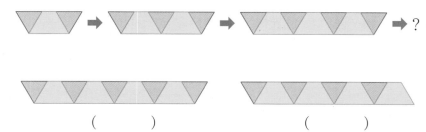

(   )

(   )

05 달걀판 하나에 달걀이 10개씩 들어 있습니다. 달걀의 수를 △, 달걀판의 수를 ☆이라고 할 때, 두 양 사이의 대응 관계를 식으로 나타내어 보시오.

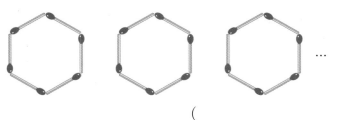 ...

식 _____

06 다음과 같이 성냥개비로 정육각형을 만들려고 합니다. 정육각형 14개를 만들 때 필요한 성냥개비는 몇 개입니까?

(...   )

핵심 예제 ❶

□ 안에 들어갈 수 있는 가장 큰 자연수를 구하시오.

$$□<(24-15)×3+32÷8$$

(   )

전략

$(24-15)×3+32÷8$을 먼저 계산하고 계산 결과보다 작은 자연수 중 가장 큰 수를 구해 봅니다.

풀이

$(24-15)×3+32÷8=9×3+32÷8$

$=27+32÷8$
$=27+4$
$=31$

➡ □<31이므로 □ 안에 들어갈 수 있는 가장 큰 자연수는 30 입니다.

답 30

핵심 예제 ❷

◆를 다음과 같이 약속할 때 (2◆7)◆4를 계산하시오.

$$가◆나=가×(나+3)-2$$

(   )

전략

2◆7을 먼저 계산하고 구한 값을 이용하여 (2◆7)◆4의 값을 구해 봅니다.

풀이

$2◆7=2×(7+3)-2=2×10-2=20-2=18$
➡ $(2◆7)◆4=18◆4$
$=18×(4+3)-2$
$=18×7-2$
$=126-2=124$

답 124

1-1 □ 안에 들어갈 수 있는 가장 큰 자연수를 구하시오.

$$□<56÷(19-12)+29$$

(   )

1-2 □ 안에 들어갈 수 있는 가장 큰 자연수를 구하시오.

$$□<100-81÷(4+5)×6$$

(   )

2-1 ◎를 다음과 같이 약속할 때 (3◎5)◎2를 계산하시오.

$$가◎나=(가+2)×나+5$$

(   )

2-2 ▣를 다음과 같이 약속할 때 8▣(1▣3)을 계산하시오.

$$가▣나=(가+나)×7-6$$

(   )

핵심 예제 ❸

지수는 한 개에 1600원인 핫도그 3개를 사고 10000 원을 냈습니다. 거스름돈은 얼마입니까?

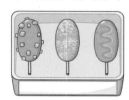

( )

[전략]

(거스름돈)=(낸 돈)−(핫도그 3개의 값)입니다.
핫도그 3개의 값을 구하고 10000원에서 뺍니다.

[풀이]

(거스름돈)=(낸 돈)−(핫도그 3개의 값)
$= 10000 - 1600 \times 3$
$= 10000 - 4800$
$= 5200(원)$

[답] 5200원

3-1 수영이네 어머니께서 카레 5인분을 만들기 위해 1 인분에 750원인 당근 5인분을 사고 5000원을 냈 습니다. 거스름돈은 얼마입니까?

( )

3-2 준태가 한 개에 2200원인 초콜릿 6개를 사고 15000원을 냈습니다. 거스름돈은 얼마입니까?

( )

핵심 예제 ❹

어떤 수와 3과의 합에 6을 곱해야 하는 것을 잘못하 여 어떤 수와 6과의 곱에 3을 더하였더니 45가 되었 습니다. 바르게 계산한 값을 구하시오.

( )

[전략]

잘못 계산한 식에서 어떤 수를 먼저 구하고 바르게 계산한 값을 구해 봅니다.

[풀이]

어떤 수를 □라 하면
잘못 계산한 식: $\square \times 6 + 3 = 45$, $\square \times 6 = 42$, $\square = 7$
바르게 계산한 식: $(7+3) \times 6 = 10 \times 6 = 60$

[답] 60

4-1 어떤 수에서 9를 뺀 값에 4를 곱해야 하는 것을 잘 못하여 어떤 수와 9와의 합을 4로 나누었더니 6이 되었습니다. 바르게 계산한 값을 구하시오.

( )

4-2 20을 어떤 수로 나눈 몫에 11을 더해야 하는 것을 잘못하여 20에서 어떤 수를 뺀 값에 11을 곱하였 더니 176이 되었습니다. 바르게 계산한 값을 구하 시오.

( )

어떤 수를 □라 놓고 먼저 계산할 부분을 ( )로 묶어 하나의 식으로 나타냅니다.

핵심 예제 ❺

어느 수족관의 입장료는 6000원입니다. 입장료를 42000원 냈다면 입장객은 몇 명입니까?

( )

전략

입장료와 입장객의 수 사이의 대응 관계를 식으로 나타내어 입장객의 수를 구해 봅니다.

풀이

입장객의 수가 1명씩 늘어날 때 입장료는 6000원씩 늘어납니다.
입장객의 수를 ○, 입장료를 ◇라고 할 때, 두 양 사이의 대응 관계를 식으로 나타내면 ◇÷6000＝○입니다.
따라서 입장료를 42000원 냈다면 입장객은
42000÷6000＝7(명)입니다.

답 7명

5-1 한 시간당 주차 요금이 2000원인 주차장에 자동차를 세웠습니다. 주차 요금을 10000원 냈다면 주차 시간은 몇 시간입니까?

( )

5-2 팔린 상품권의 수와 판매 금액 사이의 대응 관계를 나타낸 표입니다. 판매 금액이 60000원이라면 팔린 상품권은 몇 장입니까?

팔린 상품권의 수(장)	1	2	3	4	…
판매 금액(원)	4000	8000	12000	16000	…

( )

핵심 예제 ❻

서울의 시각과 이스탄불의 시각 사이의 대응 관계를 나타낸 표입니다. 서울이 오전 11시일 때 이스탄불의 시각을 구하시오.

서울의 시각	오후 7시	오후 8시	오후 9시	오후 10시	…
이스탄불의 시각	오후 1시	오후 2시	오후 3시	오후 4시	…

( )

전략

서울의 시각과 이스탄불의 시각 중에서 어느 것이 몇 시간 더 빠른지 대응 관계를 알아보고 식으로 나타내어 봅니다.

풀이

서울의 시각은 이스탄불의 시각보다 6시간 빠릅니다.
서울의 시각을 ○, 이스탄불의 시각을 □라고 할 때, 두 양 사이의 대응 관계를 식으로 나타내면 ○－6＝□입니다.
따라서 서울이 오전 11시일 때 이스탄불은
오전 11시－6시간＝오전 5시입니다.

답 오전 5시

6-1 서울의 시각과 두바이의 시각 사이의 대응 관계를 나타낸 표입니다. 서울이 오후 6시일 때 두바이의 시각을 구하시오.

서울의 시각	오전 8시	오전 9시	오전 10시	오전 11시	…
두바이의 시각	오전 3시	오전 4시	오전 5시	오전 6시	…

( )

서울의 시각은 두바이의 시각보다 5시간 빠릅니다.

핵심 예제 ⑦

다음과 같이 종이에 누름 못을 꽂아서 벽에 붙이고 있습니다. 종이 9장을 붙일 때 누름 못은 몇 개 필요합니까?

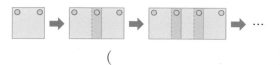

( )

전략

종이의 수와 누름 못의 수 사이의 대응 관계를 표로 나타내어 알아보고 필요한 누름 못의 수를 구해 봅니다.

풀이

종이의 수(장)	1	2	3	4	…
누름 못의 수(개)	2	3	4	5	…

누름 못의 수는 종이의 수보다 1 큽니다. 따라서 종이 9장을 붙일 때 필요한 누름 못은 9＋1＝10(개)입니다.

답 10개

7-1 다음과 같이 수건을 집게로 연결하고 있습니다. 수건 13장을 연결할 때 집게는 몇 개 필요합니까?

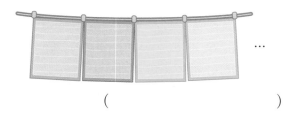

( )

7-2 다음과 같이 철봉이 연결되어 있습니다. 철봉 대가 8개일 때 철봉 기둥은 몇 개입니까?

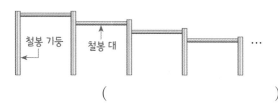

( )

핵심 예제 ⑧

다음과 같이 성냥개비로 정삼각형을 만들고 있습니다. 정삼각형 7개를 만들 때 성냥개비는 몇 개 필요합니까?

( )

전략

정삼각형의 수와 성냥개비의 수 사이의 대응 관계를 식으로 나타내고 필요한 성냥개비의 수를 구해 봅니다.

풀이

정삼각형의 수(개)	1	2	3	4	…
성냥개비의 수(개)	3	5	7	9	…

정삼각형의 수가 1개씩 늘어날 때 성냥개비의 수는 2개씩 늘어납니다. 정삼각형의 수를 ☆, 성냥개비의 수를 □라고 할 때, 두 양 사이의 대응 관계를 식으로 나타내면 ☆×2＋1＝□입니다. ☆＝7일 때 □＝7×2＋1＝15이므로 정삼각형 7개를 만드는 데 필요한 성냥개비는 15개입니다.

답 15개

8-1 다음과 같이 성냥개비로 정사각형을 만들고 있습니다. 정사각형 9개를 만들 때 성냥개비는 몇 개 필요합니까?

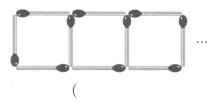

( )

01 ☐ 안에 공통으로 들어갈 수 있는 자연수는 모두 몇 개인지 구하시오.

> • $12 \div 2 \times (17 - 9) + 21 < \square$
> • $\square < 50 + 32 \div (8 - 4) \times 3$

(   )

> **Tip 1**
>
> 첫 번째 식의 계산 결과보다 ☐, 두 번째 식의 계산 결과보다 ☐ 자연수를 구합니다.

02 다음과 같이 약속할 때 (9▣2)◆6을 계산하시오.

> 가▣나=(가+나)×4-7
> 가◆나=가+나×5

(   )

> **Tip 2**
>
> 9☐2를 먼저 계산하고 계산 결과를 △라고 할 때 △◆☐의 값을 구합니다.

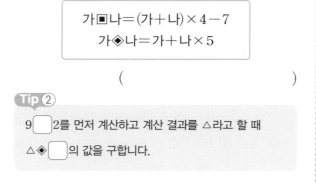

> ▣와 ◆ 중에서
> ( ) 안에 있는 것을 먼저
> 계산해야 합니다.

03 진영이는 문구점에서 공책 3권과 색연필 5자루를 사고 10000원을 냈습니다. 거스름돈은 얼마인지 하나의 식으로 나타내고 답을 구하시오.

공책 1권의 가격	색연필 1자루의 가격
1500원	800원

식 _____

답 _____

> **Tip 3**
>
> (거스름돈)
> =(낸 돈)-(공책 ☐권과 색연필 ☐자루의 값)

04 45와 어떤 수와의 합을 9로 나누어야 하는 것을 잘못하여 45에서 어떤 수를 뺀 값에 9를 곱하였더니 162가 되었습니다. 바르게 계산한 값과 잘못 계산한 값의 차를 구하시오.

(   )

> **Tip 4**
>
> 어떤 수를 ☆이라 하면 잘못 계산한 식은 (45-☆)×☐, 바르게 계산한 식은 (45☐☆)÷9입니다.

답 **Tip** ① 크고, 작은 ② ▣, 6

답 **Tip** ③ 3, 5 ④ 9, +

05 어느 박물관의 입장료는 3000원입니다. 수진이네 가족이 입장료로 20000원을 내고 2000원을 거스름돈으로 받았다면 수진이네 가족은 몇 명입니까?

( )

Tip 5

(수진이네 가족의 [   ])

=(낸 돈)−([   ] 돈)

07 한 장의 길이가 7 cm인 색 테이프를 다음과 같이 2 cm씩 겹치게 이어 붙이고 있습니다. 색 테이프 23장을 이어 붙였을 때 겹쳐진 부분의 길이는 모두 몇 cm입니까?

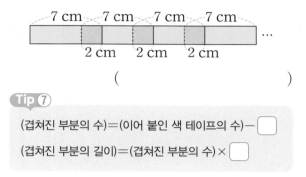

( )

Tip 7

(겹쳐진 부분의 수)=(이어 붙인 색 테이프의 수)− [ ]

(겹쳐진 부분의 길이)=(겹쳐진 부분의 수)× [ ]

06 다음과 같이 서울의 시각과 하노이의 시각은 차이가 있습니다. 하노이에 사는 승환이가 서울에 사는 재희에게서 걸려온 전화를 받은 시각이 오후 7시일 때 재희가 전화를 건 시각은 몇 시입니까?

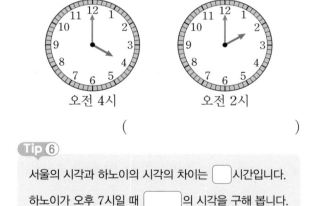

( )

Tip 6

서울의 시각과 하노이의 시각의 차이는 [ ]시간입니다.

하노이가 오후 7시일 때 [   ]의 시각을 구해 봅니다.

08 다음과 같이 성냥개비로 정육각형을 만들고 있습니다. 성냥개비 61개로 만들 수 있는 정육각형은 몇 개입니까?

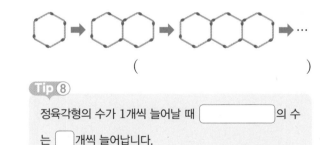

( )

Tip 8

정육각형의 수가 1개씩 늘어날 때 [   ]의 수는 [ ]개씩 늘어납니다.

답 **Tip** ⑤ 입장료, 거스름 ⑥ 2, 서울

답 **Tip** ⑦ 1, 2 ⑧ 성냥개비, 5

핵심 예제 ❶

1 m짜리 끈으로 세 변의 길이가 각각 8 cm, 8 cm, 6 cm인 이등변삼각형 4개를 겹치지 않게 만들었습니다. 남은 끈의 길이는 몇 cm입니까?

( )

전략

이등변삼각형의 둘레를 구하고 필요한 끈의 길이를 구해 봅니다.

풀이

(이등변삼각형 4개를 만드는 데 필요한 끈의 길이)
$= $(이등변삼각형의 둘레)$\times 4 = (8 \times 2 + 6) \times 4$
$= (16 + 6) \times 4 = 22 \times 4 = 88$ (cm)
$1 \text{ m} = 100 \text{ cm}$이므로
⇨ (남은 끈의 길이)$= 100 - (8 \times 2 + 6) \times 4$
$\qquad\qquad\qquad\quad = 100 - 88 = 12$ (cm)

답 12 cm

1-1 2 m짜리 끈으로 세 변의 길이가 각각 9 cm, 9 cm, 4 cm인 이등변삼각형 5개를 겹치지 않게 만들었습니다. 남은 끈의 길이는 몇 cm입니까?

( )

1-2 3 m짜리 끈으로 세 변의 길이가 각각 17 cm, 17 cm, 8 cm인 이등변삼각형 6개를 겹치지 않게 만들었습니다. 남은 끈의 길이는 몇 cm입니까?

( )

핵심 예제 ❷

다음 식이 성립하도록 ( )로 묶어 보시오.

$$20 - 12 \div 2 + 4 = 8$$

전략

( )가 없을 때의 계산 결과를 구하고 앞에서부터 차례로 ( )로 묶어서 계산 순서가 바뀌는 것 중에서 계산 결과가 8인 것을 찾아봅니다.

풀이

$20 - 12 \div 2 + 4 = 20 - 6 + 4 = 14 + 4 = 18$이고
$20 - (12 \div 2) + 4$, $(20 - 12 \div 2) + 4$는 계산 순서가 바뀌지 않으므로 계산 결과도 18입니다.
$(20 - 12) \div 2 + 4 = 8 \div 2 + 4 = 4 + 4 = 8$ (○)
$20 - 12 \div (2 + 4) = 20 - 12 \div 6 = 20 - 2 = 18$ (×)
$20 - (12 \div 2 + 4) = 20 - (6 + 4) = 20 - 10 = 10$ (×)

답 $(20 - 12) \div 2 + 4 = 8$

2-1 다음 식이 성립하도록 ( )로 묶어 보시오.

$$3 \times 14 + 7 - 5 = 58$$

2-2 다음 식이 성립하도록 ( )로 묶어 보시오.

$$11 + 5 \times 8 - 3 = 36$$

( )로 묶었을 때 계산 순서가 어떻게 바뀌는지 살펴봅니다.

핵심 예제 ③

다음 식이 성립하도록 ◯ 안에 +, −, ×, ÷ 중 알맞은 기호를 써넣으시오.

$$21 \div 3 + 9 \bigcirc 4 = 43$$

전략

◯ 안에 들어갈 수 있는 기호를 각각 넣어서 계산해 보고 계산 결과가 43인 것을 찾아봅니다.

풀이

$9 \div 4$는 계산 결과가 자연수가 아닙니다. 따라서 ◯ 안에 들어갈 수 있는 기호는 +, −, ×이고 각각 계산해 보면

$21 \div 3 + 9 + 4 = 7 + 9 + 4 = 16 + 4 = 20$ (×)
$21 \div 3 + 9 - 4 = 7 + 9 - 4 = 16 - 4 = 12$ (×)
$21 \div 3 + 9 \times 4 = 7 + 9 \times 4 = 7 + 36 = 43$ (◯)

답 ×

3-1 다음 식이 성립하도록 ◯ 안에 +, −, ×, ÷ 중 알맞은 기호를 써넣으시오.

$$(12 \bigcirc 9) \times 3 - 7 = 56$$

3-2 다음 식이 성립하도록 ◯ 안에 +, −, ×, ÷ 중 알맞은 기호를 써넣으시오.

$$3 \times (21 \bigcirc 7) + 19 = 61$$

핵심 예제 ④

길이가 63 cm인 색 테이프를 9등분 한 것 중의 한 도막과 길이가 84 cm인 색 테이프를 7등분 한 것 중의 한 도막을 겹쳐진 부분이 3 cm가 되도록 한 줄로 이어 붙였습니다. 이어 붙인 색 테이프의 전체 길이는 몇 cm입니까?

( )

전략

두 색 테이프 한 도막의 길이를 각각 구해 더하고 겹쳐진 부분의 길이를 뺍니다.

풀이

(63 cm인 색 테이프를 9등분 한 것 중의 한 도막의 길이)$=63 \div 9$
(84 cm인 색 테이프를 7등분 한 것 중의 한 도막의 길이)$=84 \div 7$
두 도막을 이어 붙였으므로 겹쳐진 부분은 한 군데이고 길이는 3 cm입니다.
⇨ (이어 붙인 색 테이프의 전체 길이)
$=63 \div 9 + 84 \div 7 - 3 = 7 + 12 - 3 = 19 - 3 = 16$ (cm)

답 16 cm

4-1 길이가 54 cm인 색 테이프를 3등분 한 것 중의 한 도막과 길이가 42 cm인 색 테이프를 6등분 한 것 중의 한 도막을 겹쳐진 부분이 2 cm가 되도록 한 줄로 이어 붙였습니다. 이어 붙인 색 테이프의 전체 길이는 몇 cm입니까?

( )

4-2 길이가 120 cm인 색 테이프를 5등분 한 것 중의 한 도막과 길이가 132 cm인 색 테이프를 2등분 한 것 중의 한 도막을 겹쳐진 부분이 6 cm가 되도록 한 줄로 이어 붙였습니다. 이어 붙인 색 테이프의 전체 길이는 몇 cm입니까?

( )

핵심 예제 5

요술 상자에 파란색 공을 넣으면 규칙에 따라 빨간색 공이 나옵니다. 요술 상자에 파란색 공 7개를 넣으면 빨간색 공이 몇 개 나오는지 구하시오.

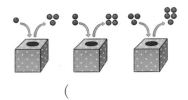

( )

전략

파란색 공과 빨간색 공 사이의 대응 관계를 식으로 나타내고 빨간색 공의 수를 구해 봅니다.

풀이

파란색 공의 수를 ○, 빨간색 공의 수를 □라고 할 때, 두 양 사이의 대응 관계를 식으로 나타내면 ○＋2＝□입니다.
따라서 요술 상자에 파란색 공 7개를 넣었을 때 나오는 빨간색 공의 수는 7＋2＝9(개)입니다.

답 9개

5-1 요술 상자에 파란색 공을 넣으면 규칙에 따라 빨간색 공이 나옵니다. 요술 상자에 파란색 공 9개를 넣으면 빨간색 공이 몇 개 나오는지 구하시오.

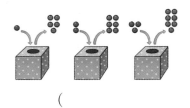

( )

5-2 요술 상자에 수를 넣으면 규칙에 따라 수가 바뀌어 나옵니다. 요술 상자에 20을 넣으면 어떤 수가 나오는지 구하시오.

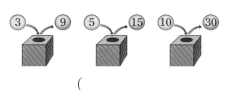

( )

핵심 예제 6

다음과 같이 한 쪽에 의자를 1개씩 놓을 수 있는 탁자가 있습니다. 탁자 7개를 한 줄로 이어 붙이면 의자를 몇 개 놓을 수 있습니까?

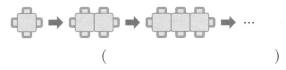

( )

전략

탁자의 수와 의자의 수 사이의 대응 관계를 식으로 나타내고 필요한 의자의 수를 구해 봅니다.

풀이

탁자의 수(개)	1	2	3	4	…
의자의 수(개)	4	6	8	10	…

(탁자의 수)×2＋2＝(의자의 수)이므로 탁자 7개를 한 줄로 이어 붙이면 의자를 7×2＋2＝16(개) 놓을 수 있습니다.

답 16개

6-1 다음과 같이 한 쪽에 의자를 2개씩 놓을 수 있는 탁자가 있습니다. 탁자 9개를 한 줄로 이어 붙이면 의자를 몇 개 놓을 수 있습니까?

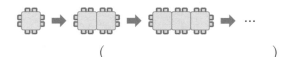

( )

6-2 다음과 같이 한 쪽에 의자를 2개씩 놓을 수 있는 탁자가 있습니다. 탁자 12개를 한 줄로 이어 붙이면 의자를 몇 개 놓을 수 있습니까?

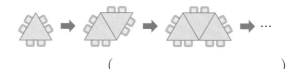

( )

핵심 예제 **7**

사각형 조각으로 규칙적인 배열을 만들고 있습니다. 7째에는 사각형 조각이 몇 개 필요합니까?

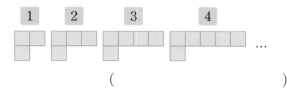

( )

【전략】

배열 순서와 사각형 조각의 수 사이의 대응 관계를 식으로 나타내고 필요한 사각형 조각의 수를 구해 봅니다.

【풀이】

배열 순서	1	2	3	4	…
사각형 조각의 수(개)	3	4	5	6	…

사각형 조각의 수는 배열 순서보다 2 크므로 7째에는 사각형 조각이 $7+2=9$(개) 필요합니다.

답 9개

7-1 사각형 조각으로 규칙적인 배열을 만들고 있습니다. 8째에는 사각형 조각이 몇 개 필요합니까?

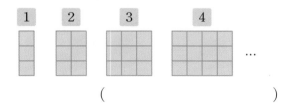

( )

7-2 사각형 조각으로 규칙적인 배열을 만들고 있습니다. 11째에는 사각형 조각이 몇 개 필요합니까?

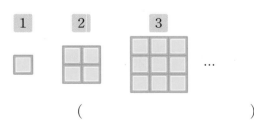

( )

핵심 예제 **8**

그림과 같이 점선을 따라 끈을 자르려고 합니다. 끈을 8번 자르면 모두 몇 도막이 됩니까?

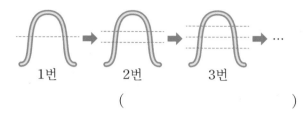

( )

【전략】

끈을 자른 횟수와 도막의 수 사이의 대응 관계를 식으로 나타내고 도막의 수를 구해 봅니다.

【풀이】

자른 횟수(번)	1	2	3	4	…
도막의 수(도막)	3	5	7	9	…

(자른 횟수)$\times 2+1=$(도막의 수)이므로 끈을 8번 자르면 모두 $8\times2+1=17$(도막)이 됩니다.

답 17도막

8-1 그림과 같이 점선을 따라 끈을 자르려고 합니다. 끈을 26번 자르면 모두 몇 도막이 됩니까?

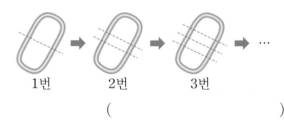

( )

끈을 1번 자르면 2도막, 2번 자르면 4도막, 3번 자르면 6도막이 됩니다.

01 한 변의 길이가 각각 12 cm인 정삼각형과 19 cm인 정사각형 모양의 두 액자의 둘레를 따라 색 테이프를 붙였습니다. 4 m짜리 색 테이프로 각각 3바퀴씩 붙이고 남은 색 테이프의 길이는 몇 cm인지 구하시오. (단, 색 테이프의 두께는 생각하지 않습니다.)

(   )

Tip **1**

(사용한 색 테이프의 길이)

=(두 액자의 [   ]의 합)×[   ]

> 정삼각형과 정사각형은
> 변의 길이가 모두 같으므로
> (둘레)=(한 변의 길이)×(변의 수)
> 입니다.

02 다음 식이 성립하도록 (   )로 묶어 보시오.

$$42 + 84 \div 7 - 3 = 63$$

Tip **2**

$42+84\div7-3=$[   ]이므로 [   ](으)로 묶었을 때 계산 결과가 바뀌는 경우를 찾아봅니다.

03 다음 식이 성립하도록 ○ 안에 +, −, ×, ÷를 한 번씩 써넣으시오.

$$26 \bigcirc 5 \bigcirc 9 \bigcirc 3 \bigcirc 7 = 42$$

Tip **3**

÷가 들어갈 수 있는 곳은 [   ]○[   ]입니다.

04 길이가 60 cm인 색 테이프를 5등분 한 것 중의 두 도막과 길이가 72 cm인 색 테이프를 6등분 한 것 중의 한 도막을 겹쳐진 부분이 3 cm가 되도록 한 줄로 이어 붙였습니다. 이어 붙인 색 테이프의 전체 길이는 몇 cm입니까?

(   )

Tip **4**

색 테이프 세 도막을 이어 붙였을 때 겹쳐진 부분은 [   ]군데이고 길이는 [   ]cm입니다.

답 Tip ① 둘레, 3 ② 51, ( )

답 Tip ③ 9, 3 ④ 2, 6

05 요술 상자에 은화를 넣으면 규칙에 따라 금화가 나옵니다. 금화 27개를 얻으려면 요술 상자에 은화를 몇 개 넣어야 합니까?

( )

Tip 5

요술 상자에 은화 ☐ 개를 넣으면 ☐ 1개가 나옵니다.

06 다음과 같이 의자를 긴 쪽에 3개, 짧은 쪽에 1개씩 놓을 수 있는 탁자가 있습니다. 탁자 11개를 긴 쪽을 붙여 한 줄로 이어 붙이면 의자를 몇 개 놓을 수 있습니까?

( )

Tip 6

탁자의 수가 1개씩 늘어날 때 ☐ 의 수는 ☐ 개씩 늘어납니다.

07 바둑돌로 규칙적인 배열을 만들고 있습니다. 9째에 놓을 검은색 바둑돌과 흰색 바둑돌의 개수의 차는 몇 개입니까?

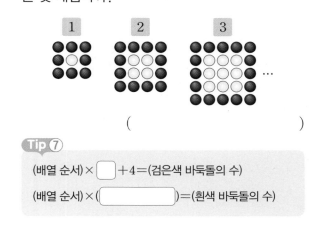

( )

Tip 7

(배열 순서)×☐＋4＝(검은색 바둑돌의 수)

(배열 순서)×(☐)＝(흰색 바둑돌의 수)

08 그림과 같이 점선을 따라 끈을 자르려고 합니다. 끈을 한 번 자르는 데 2분이 걸린다면 쉬지 않고 45도막으로 자르는 데 모두 몇 분이 걸립니까?

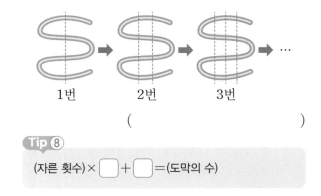

1번   2번   3번

( )

Tip 8

(자른 횟수)×☐＋☐＝(도막의 수)

답 **Tip** ⑤ 3, 금화 ⑥ 의자, 2

답 **Tip** ⑦ 4, 배열 순서 ⑧ 4, 1

01 계산 순서에 맞게 차례로 기호를 쓰시오.

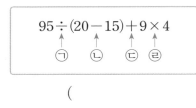

$$95 \div (20-15) + 9 \times 4$$
$$\quad \bigcirc \quad \bigcirc \quad \bigcirc \quad \bigcirc$$

(   )

02 계산 결과를 비교하여 ◯ 안에 >, =. <를 알맞게 써넣으시오.

$$85 - 3 \times (5+16) \bigcirc 64 \div (25-17) + 31$$

03 식을 세우고 계산하시오.

62에 19와 7의 차를 4배 한 값을 더한 수

식 _____

04 다음 식이 성립하도록 ( )로 묶어 보시오.

$$96 \div 6 + 2 \times 3 = 36$$

05 성철이네 어머니께서 15000원을 내고 복숭아 2개와 참외 4개를 샀습니다. 남은 돈은 얼마인지 하나의 식으로 나타내고 답을 구하시오.

복숭아 1개의 가격	참외 1개의 가격
3000원	1200원

식 _____

답 _____

성철이네 어머니께서 산 복숭아와 참외의 가격을 식으로 나타내어 봅니다.

06 한 상자에 축구공이 6개씩 들어 있습니다. 상자의 수를 ◎, 축구공의 수를 ◇라고 할 때, 두 양 사이의 대응 관계를 식으로 나타내시오.

식 _____

07 도형의 배열을 보고 다음에 이어질 모양을 그리시오.

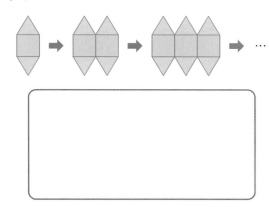

08 학생들에게 색종이를 5장씩 나누어 주고 있습니다. 색종이를 받은 학생의 수와 색종이의 수 사이의 대응 관계를 잘못 이야기한 친구를 찾아 이름을 쓰시오.

선영: 학생의 수가 1명씩 늘어날 때 색종이의 수는 5장씩 늘어나.
민규: 학생의 수를 ○, 색종이의 수를 □라고 할 때, 두 양 사이의 대응 관계는 ○÷5=□야.
수민: 색종이 30장이 있으면 6명에게 나누어 줄 수 있어.

(   )

09 1시간에 130 km를 이동하는 기차가 있습니다. 같은 빠르기로 이 기차가 780 km를 이동하는 데 걸린 시간은 몇 시간입니까?

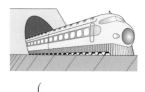

(   )

10 바둑돌로 규칙적인 배열을 만들고 있습니다. 16째에는 바둑돌이 몇 개 필요합니까?

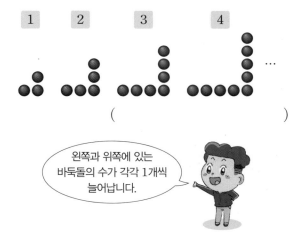

(   )

왼쪽과 위쪽에 있는 바둑돌의 수가 각각 1개씩 늘어납니다.

01 비밀의 문을 열기 위해서는 비밀번호를 눌러야 합니다. 암호를 해독하여 비밀번호는 무엇인지 구하시오.

Tip ①

凵=+, 그=□,
冂=×, ㄷ=□

(   )

02 사다리 타는 방법을 보고 ◯ 안에 알맞은 수를 써넣으시오.

- 출발점에서 시작해 아래로 내려가다가 만나는 다리는 반드시 건너야 합니다.
- 아래와 옆으로만 이동할 수 있습니다.
- 지나가는 길에 있는 식을 차례로 이어 혼합 계산식을 만들고 계산합니다.

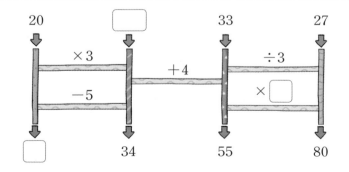

Tip ②

27에서 출발했을 때 만들어지는 혼합 계산식은 27÷□+4−□입니다.

답 Tip ① −, ÷ ② 3, 5

03 진수네 어머니께서 카레 5인분을 만들기 위해 재료를 찾아보았더니 카레 가루, 감자, 당근이 없었습니다. 20000원으로 카레 가루, 감자, 당근을 필요한 만큼 사고 남은 돈은 얼마인지 하나의 식으로 나타내고 답을 구하시오.

카레 가루 (10인분)	감자 (1인분)	당근 (5인분)
11000원	700원	4000원

식 _____

답 _____

Tip ③

(카레 가루 5인분의 가격)
=11000÷ ☐

(감자 5인분의 가격)=700× ☐

1주

04 기호와 도형을 써서 일의 처리 과정을 나타낸 그림을 순서도라고 합니다. 시작에 38을 넣었을 때 끝에 나오는 수를 구하시오.

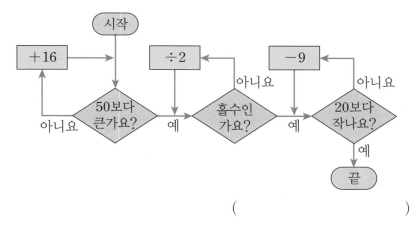

(   )

Tip ④

38은 50보다 ☐ 므로 ☐ 을/를 더합니다.

답 Tip ③ 2, 5 ④ 작으, 16

05 무게는 측정 장소에 따라 다릅니다. 즉, *중력에 따라 무게가 다릅니다. 지구에서 잰 무게가 다음과 같을 때 달에서 잰 무게와 수성에서 잰 무게를 나타낸 표입니다. 물음에 답하시오.

지구　　　　　　달　　　　　　수성

사진 출처: ⓒVadim Sadovski/shutterstcok

지구에서 잰 무게(kg)	6	12	18	24	30
달에서 잰 무게(kg)	1	2	3	4	5
수성에서 잰 무게(kg)	2	4	6	8	10

＊중력: 물체를 지구나 행성 중심 방향으로 끌어당기는 힘

(1) 지구에서 잰 무게를 △, 달에서 잰 무게를 ◇라고 할 때, 두 양 사이의 대응 관계를 식으로 나타내시오.

　　　　　　　　식 _____

(2) 지구에서 잰 무게를 △, 수성에서 잰 무게를 ☆이라고 할 때, 두 양 사이의 대응 관계를 식으로 나타내시오.

　　　　　　　　식 _____

(3) 달에서 잰 무게가 9 kg인 물건이 있습니다. 이 물건을 지구와 수성에서 잰 무게를 각각 구하시오.

지구 (　　　　　　　　　), 수성 (　　　　　　　　　)

Tip⑤

달에서 잰 무게는 지구에서 잰 무게를 ☐(으)로 나눈 몫입니다.

수성에서 잰 무게는 지구에서 잰 무게를 ☐(으)로 나눈 몫입니다.

답 **Tip** ⑤ 6, 3

06 다음은 세계 여러 나라들의 같은 시간대 시각을 나타낸 것입니다. 전 세계에서 동시에 개봉하는 영화가 런던에서 오후 5시에 개봉했습니다. 상파울루에서 영화를 개봉한 시각은 몇 시인지 ☐ 안에 써넣고 시계 안에 알맞게 그려 넣으시오.

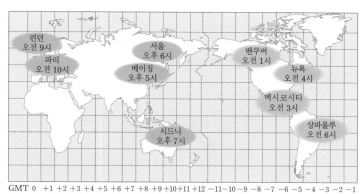

오후 5시

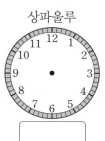

Tip ⑥

런던의 시각은 상파울루의 시각보다

☐ 시간 ☐ 니다.

07 다음과 같이 성냥개비로 오각형을 만들고 있습니다. 성냥개비 133개로 만들 수 있는 오각형은 몇 개입니까?

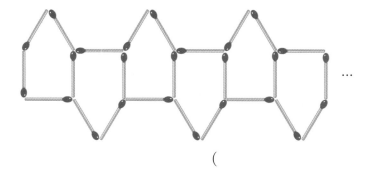

(   )

Tip ⑦

오각형의 수가 1개씩 늘어날 때

☐ 의 수는 ☐ 개씩 늘어

납니다.

1주

2주 다각형의 둘레와 넓이

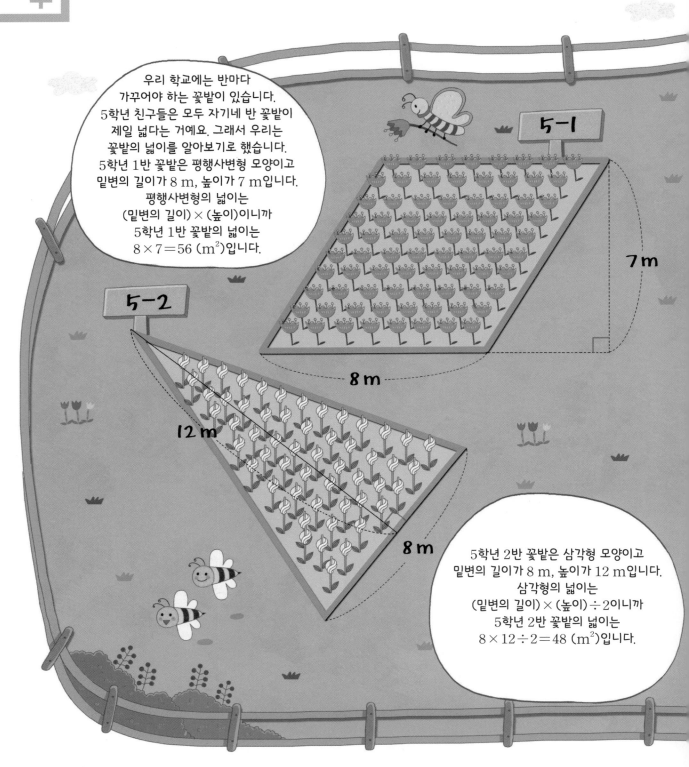

우리 학교에는 반마다
가꾸어야 하는 꽃밭이 있습니다.
5학년 친구들은 모두 자기네 반 꽃밭이
제일 넓다는 거예요. 그래서 우리는
꽃밭의 넓이를 알아보기로 했습니다.
5학년 1반 꽃밭은 평행사변형 모양이고
밑변의 길이가 8 m, 높이가 7 m입니다.
평행사변형의 넓이는
(밑변의 길이)×(높이)이니까
5학년 1반 꽃밭의 넓이는
$8 \times 7 = 56 \ (m^2)$입니다.

5-1

7 m

8 m

5-2

12 m

8 m

5학년 2반 꽃밭은 삼각형 모양이고
밑변의 길이가 8 m, 높이가 12 m입니다.
삼각형의 넓이는
(밑변의 길이)×(높이)÷2이니까
5학년 2반 꽃밭의 넓이는
$8 \times 12 \div 2 = 48 \ (m^2)$입니다.

공부할
내용
❶ 다각형의 둘레 알아보기
❷ 직사각형과 정사각형의 넓이 알아보기
❸ 평행사변형과 삼각형의 넓이 알아보기
❹ 마름모와 사다리꼴의 넓이 알아보기

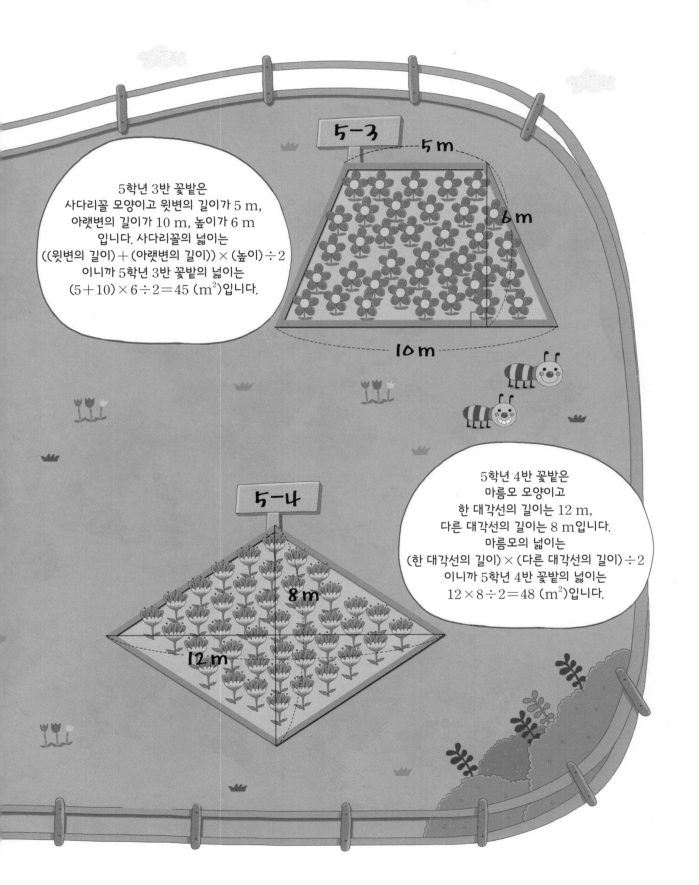

개념 01 여러 가지 사각형의 둘레

- 직사각형, 평행사변형, 마름모의 둘레 구하기

(직사각형의 둘레)=((가로)+(세로))×2

⇨ (가의 둘레)=(6+❶   )×2=18 (cm)

(평행사변형의 둘레)
=((한 변의 길이)+(다른 한 변의 길이))×2

⇨ (나의 둘레)=(4+3)×2=14 (cm)

(마름모의 둘레)=(한 변의 길이)×4

⇨ (다의 둘레)=❷   ×4=12 (cm)

확인 01 다음 사각형의 둘레는 몇 cm인지 구하시오.

(1)

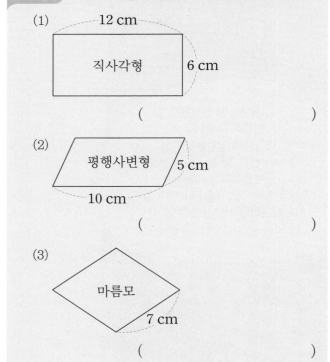

(   )

(2)

(   )

(3)

(   )

개념 02 직각으로 만든 도형의 둘레

- 변의 위치를 옮겨 도형의 둘레 구하기

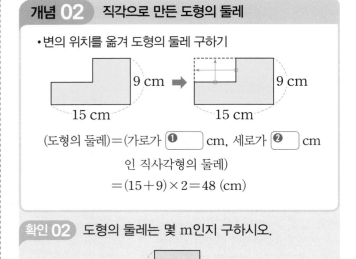

(도형의 둘레)=(가로가 ❶   cm, 세로가 ❷   cm

인 직사각형의 둘레)

=(15+9)×2=48 (cm)

확인 02 도형의 둘레는 몇 m인지 구하시오.

14 m 21 m

(   )

개념 03 1 cm² 알아보기

- 1 cm²: 한 변의 길이가 ❶   cm인 정사각형의 넓이

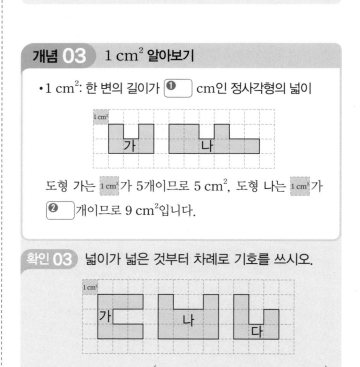

도형 가는 1 cm²가 5개이므로 5 cm², 도형 나는 1 cm²가 ❷   개이므로 9 cm²입니다.

확인 03 넓이가 넓은 것부터 차례로 기호를 쓰시오.

가 나 다

(   )

답 개념 01 ❶3 ❷3

답 개념 02 ❶15 ❷9 개념 03 ❶1 ❷9

개념 04 직사각형과 정사각형의 넓이

• 가로가 7 cm, 세로가 9 cm인 직사각형의 넓이 구하기

(직사각형의 넓이)=(가로)×(세로)

$=7×❶\boxed{}=63\ (\text{cm}^2)$

• 한 변의 길이가 3 cm인 정사각형의 넓이 구하기

(정사각형의 넓이)=(한 변의 길이)×(한 변의 길이)

$=3×❷\boxed{}=9\ (\text{cm}^2)$

확인 04 가로가 4 cm, 세로가 15 cm인 직사각형의 넓이는 몇 cm²인지 구하시오.

(   )

개념 05 넓이 단위 비교하기

• 1 m²: 한 변의 길이가 1 m인 정사각형의 넓이
• 1 km²: 한 변의 길이가 1 km인 정사각형의 넓이

| 1 m²=10000 cm²   1 km²=1000000 m² |

예) 넓이가 가장 넓은 것의 기호 찾기

| ㉠ 900000 cm²   ㉡ 70000 m²   ㉢ 2 km² |

m²로 단위를 통일하여 넓이를 비교해 봅니다.

㉠ 900000 cm²=❶$\boxed{}$ m²   ㉡ 70000 m²

㉢ 2 km²=2000000 m²

⇨ 2000000>70000>90이므로 넓이가 가장 넓은 것의 기호는 ❷$\boxed{}$입니다

확인 05 넓이가 가장 넓은 것의 기호를 쓰시오.

| ㉠ 50000 cm²   ㉡ 40000000 m²   ㉢ 8 km² |

(   )

개념 06 평행사변형의 넓이

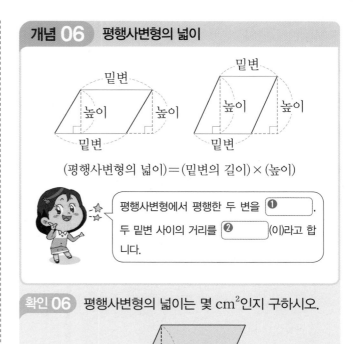

(평행사변형의 넓이)=(밑변의 길이)×(높이)

평행사변형에서 평행한 두 변을 ❶$\boxed{}$, 두 밑변 사이의 거리를 ❷$\boxed{}$(이)라고 합니다.

확인 06 평행사변형의 넓이는 몇 cm²인지 구하시오.

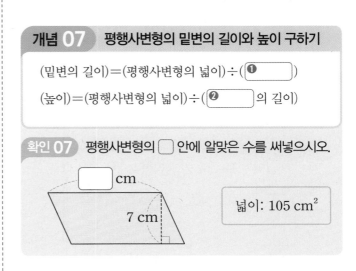

9 cm

10 cm

(   )

개념 07 평행사변형의 밑변의 길이와 높이 구하기

(밑변의 길이)=(평행사변형의 넓이)÷(❶$\boxed{}$)

(높이)=(평행사변형의 넓이)÷(❷$\boxed{}$의 길이)

확인 07 평행사변형의 ☐ 안에 알맞은 수를 써넣으시오.

☐ cm

7 cm

넓이: 105 cm²

답 **개념 04** ❶9 ❷3   **개념 05** ❶90 ❷㉢   답 **개념 06** ❶밑변 ❷높이   **개념 07** ❶높이 ❷밑변

2주

개념 08 삼각형의 넓이

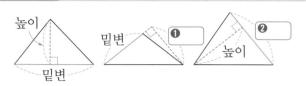

높이 밑변 ❶ ❷ 높이 밑변

(삼각형의 넓이)＝(밑변의 길이)×(높이)÷2

확인 08 삼각형의 넓이는 몇 cm²인지 구하시오.

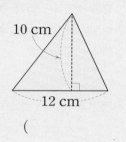

10 cm

12 cm

(   )

개념 09 넓이가 같은 삼각형

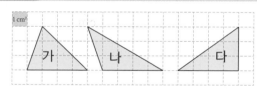

1 cm² 가 나 다

	가	나	다
밑변의 길이(cm)	4	4	4
높이(cm)	3	3	3
넓이(cm²)	6	6	6

삼각형 가, 나, 다는 모양이 서로 달라도 ❶□□의 길이와 높이가 같으므로 ❷□□가 모두 같습니다.

확인 09 넓이가 10 cm²인 삼각형 2개를 서로 다른 모양으로 그리시오.

1 cm²

개념 10 마름모의 넓이

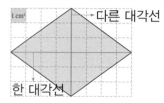

1 cm² 다른 대각선 한 대각선

(마름모의 넓이)
＝(한 대각선의 길이)×(다른 대각선의 길이)÷2
＝8×❶□÷2＝❷□ (cm²)

확인 10 마름모의 넓이는 몇 cm²인지 구하시오.

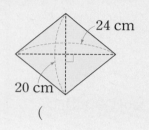

24 cm

20 cm

(   )

개념 11 마름모의 대각선의 길이 구하기

예 넓이가 28 cm²이고 한 대각선의 길이가 8 cm인 마름모의 다른 대각선의 길이 구하기

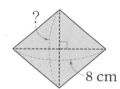

? 8 cm 넓이: 28 cm²

(한 대각선의 길이)
＝(마름모의 넓이)×2÷(다른 대각선의 길이)
＝28×2÷❶□＝❷□ (cm)

확인 11 다음은 마름모입니다. □ 안에 알맞은 수를 써넣으시오.

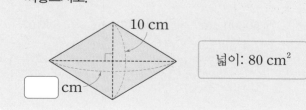

10 cm 넓이: 80 cm²

□ cm

개념 12 사다리꼴의 넓이

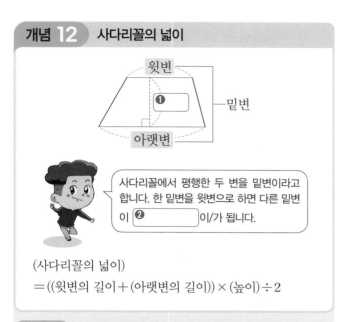

사다리꼴에서 평행한 두 변을 밑변이라고 합니다. 한 밑변을 윗변으로 하면 다른 밑변이 **❷** [   ]이/가 됩니다.

(사다리꼴의 넓이)
=((윗변의 길이)+(아랫변의 길이))×(높이)÷2

확인 12 사다리꼴의 넓이는 몇 cm^2인지 구하시오.

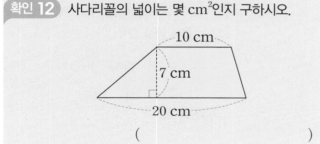

(   )

개념 13 사다리꼴의 윗변과 아랫변의 길이, 높이 구하기

(윗변의 길이)=(넓이)×2÷(높이)−(아랫변의 길이)
(아랫변의 길이)
=(넓이)×2÷(**❶** [   ])−(윗변의 길이)
(높이)
=(넓이)×2÷((**❷** [   ]의 길이)+(아랫변의 길이))

확인 13 사다리꼴의 높이는 몇 cm인지 구하시오.

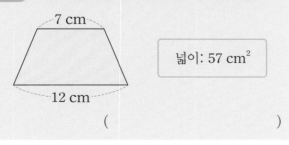

넓이: 57 cm^2

(   )

개념 14 여러 가지 방법으로 도형의 넓이 구하기

• 넓이를 구할 수 있는 도형으로 나누어 구하기

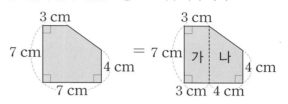

① 도형을 직사각형과 사다리꼴로 나누어 각각의 넓이를 구해 봅니다.
 (가의 넓이)=3×**❶** [   ]=21 (cm^2)
 (나의 넓이)=(4+7)×4÷2=22 (cm^2)
② ①에서 구한 각각의 넓이를 더합니다.
 ⇨ (도형의 넓이)=(가의 넓이)+(나의 넓이)
  =21+22=43 (cm^2)

• 전체에서 일부를 빼서 구하기

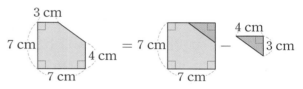

정사각형의 넓이에서 삼각형의 넓이를 뺍니다.
(정사각형의 넓이)=7×7=49 (cm^2)
(삼각형의 넓이)=**❷** [   ]×3÷2=6 (cm^2)
⇨ (도형의 넓이)=(정사각형의 넓이)−(삼각형의 넓이)
  =49−6=43 (cm^2)

확인 14 도형의 넓이는 몇 cm^2인지 구하시오.

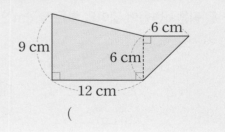

(   )

2주

답 **개념 12** ❶높이 ❷아랫변 **개념 13** ❶높이 ❷윗변

답 **개념 14** ❶7 ❷4

01 정팔각형의 둘레는 몇 cm인지 구하시오.

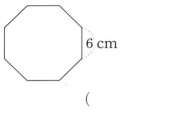

6 cm

(   )

문제 해결 전략 1

(정팔각형의 둘레)
=(한 변의 ☐)×☐

정팔각형은
8개의 변의 길이가
모두 같습니다.

02 둘레가 더 긴 사각형을 찾아 기호를 쓰시오.

㉠ 가로가 6 cm, 세로가 12 cm인 직사각형
㉡ 한 변의 길이가 10 cm인 마름모

(   )

문제 해결 전략 2

(직사각형의 둘레)=(6+12)×☐
(마름모의 둘레)=10×☐

03 두 평행사변형의 넓이의 합은 몇 cm²인지 구하시오.

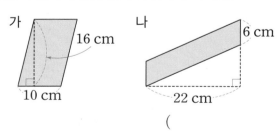

가

16 cm

10 cm

나

6 cm

22 cm

(   )

문제 해결 전략 3

(평행사변형의 넓이)
=(밑변의 ☐)×(☐)

04 삼각형의 넓이가 42 cm²일 때 ☐ 안에 알맞은 수를 써넣으시오.

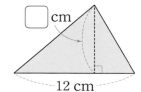

문제 **해결 전략** 4

(삼각형의 넓이)
= (밑변의 길이) × (높이) ÷ ☐
= ☐ (cm²)

05 두 대각선의 길이의 합이 더 긴 마름모의 기호를 쓰시오.

⊙ 넓이가 60 cm², 한 대각선의 길이가 4 cm인 마름모
ⓛ 넓이가 70 cm², 한 대각선의 길이가 10 cm인 마름모

( )

문제 **해결 전략** 5

⊙ (다른 대각선의 길이)
= 60 × 2 ÷ ☐
ⓛ (다른 대각선의 길이)
= 70 × ☐ ÷ 10

2주

06 다음 평행사변형과 사다리꼴의 넓이가 같을 때, 사다리꼴의 높이는 몇 cm인지 구하시오.

( )

평행사변형의 넓이를 먼저 구해 봅니다.

문제 **해결 전략** 6

(사다리꼴의 높이)
= (넓이) × ☐ ÷ ((윗변의 길이)
  + (☐의 길이))

답 4 2, 42 5 4, 2 6 2, 아랫변

핵심 예제 ❶

둘레가 40 cm인 정오각형의 한 변의 길이는 몇 cm인지 구하시오.

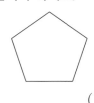

둘레: 40 cm

(   )

전략

(정오각형의 둘레)=(한 변의 길이)×5

풀이

(정오각형의 둘레)=(한 변의 길이)×5이므로 정오각형의 한 변의 길이를 □ cm라 하면 □×5＝40, □＝8입니다.
따라서 둘레가 40 cm인 정오각형의 한 변의 길이는 8 cm입니다.

답 8 cm

1-1 둘레가 24 cm인 정육각형의 한 변의 길이는 몇 cm인지 구하시오.

(   )

1-2 둘레가 35 cm인 정칠각형의 한 변의 길이는 몇 cm인지 구하시오.

(   )

핵심 예제 ❷

직사각형의 둘레가 24 cm일 때 □ 안에 알맞은 수를 써넣으시오.

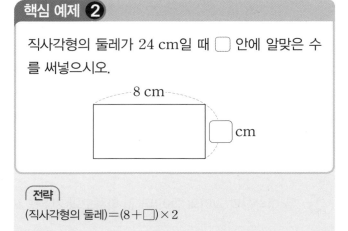

전략

(직사각형의 둘레)=(8+□)×2

풀이

(직사각형의 둘레)=((가로)+(세로))×2이므로
(8+□)×2＝24, 8+□＝12, □＝4입니다.

답 4

2-1 직사각형의 둘레가 28 cm일 때 □ 안에 알맞은 수를 써넣으시오.

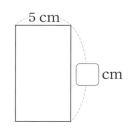

2-2 직사각형의 둘레가 32 cm일 때 □ 안에 알맞은 수를 써넣으시오.

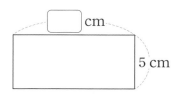

핵심 예제 3

색칠한 부분의 넓이는 몇 cm²인지 구하시오.

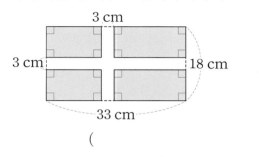

( )

전략

색칠한 부분을 모아 직사각형으로 만든 다음 넓이를 구해 봅니다.

풀이

색칠한 부분을 모으면 다음과 같이 가로가 30 cm, 세로가 15 cm 인 직사각형으로 만들 수 있습니다.

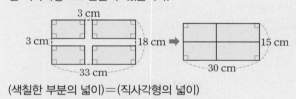

(색칠한 부분의 넓이)=(직사각형의 넓이)
=30×15=450 (cm²)

답 450 cm²

3-1 색칠한 부분의 넓이는 몇 cm²인지 구하시오.

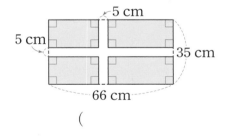

( )

핵심 예제 4

한 변의 길이가 9 cm인 정사각형의 가로를 3 cm 줄이고 세로를 4 cm 늘여서 만든 직사각형의 넓이는 몇 cm²인지 구하시오.

( )

전략

만든 직사각형의 가로와 세로를 각각 구하고 넓이를 구해 봅니다.

풀이

(직사각형의 가로)=9−3=6 (cm)
(직사각형의 세로)=9+4=13 (cm)
⇨ (직사각형의 넓이)=6×13=78 (cm²)

답 78 cm²

4-1 한 변의 길이가 12 cm인 정사각형의 가로를 5 cm 늘이고 세로를 3 cm 줄여서 만든 직사각형의 넓이는 몇 cm²인지 구하시오.

( )

4-2 한 변의 길이가 15 cm인 정사각형의 가로를 4 cm 늘이고 세로를 5 cm 줄여서 만든 직사각형의 넓이는 몇 cm²인지 구하시오.

( )

정사각형의 한 변의 길이에 늘인 만큼 더하거나 줄인 만큼 빼서 직사각형의 가로와 세로를 구할 수 있습니다.

2주

핵심 예제 **5**

□ 안에 알맞은 수를 써넣으시오.

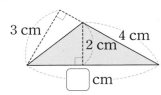

3 cm 2 cm 4 cm

□ cm

전략

밑변의 길이와 높이가 모두 주어진 부분을 찾아 삼각형의 넓이를 구한 다음 높이가 2 cm일 때의 밑변의 길이를 구해 봅니다.

풀이

(삼각형의 넓이)$=4 \times 3 \div 2=6$ (cm^2)
높이가 2 cm일 때 밑변의 길이는 □ cm이므로
□$\times 2 \div 2=6$, □$=6$입니다.

답 6

5-1 □ 안에 알맞은 수를 써넣으시오.

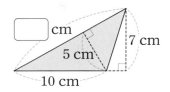

□ cm 7 cm
5 cm
10 cm

5-2 □ 안에 알맞은 수를 써넣으시오.

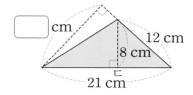

□ cm 12 cm
8 cm
21 cm

핵심 예제 **6**

삼각형 ㄱㄴㄷ의 넓이가 55 cm^{2}일 때 평행사변형 ㄱㄴㄹㅂ의 넓이는 몇 cm^{2}인지 구하시오.

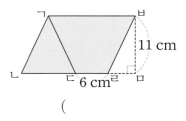

ㄱ ㅂ
11 cm
ㄴ ㄷ 6 cm ㅁ

(   )

전략

삼각형의 넓이에서 선분 ㄴㄷ의 길이를 구한 다음 평행사변형의 넓이를 구해 봅니다.

풀이

선분 ㄴㄷ의 길이를 □ cm라 하면
□$\times 11 \div 2=55$, □$\times 11=110$, □$=10$입니다.
따라서 평행사변형 ㄱㄴㄹㅂ의 넓이는
$(10+6) \times 11=176$ (cm^2)입니다.

답 176 cm^2

6-1 삼각형 ㄱㄴㄷ의 넓이가 42 cm^{2}일 때 평행사변형 ㄱㄴㄹㅂ의 넓이는 몇 cm^{2}인지 구하시오.

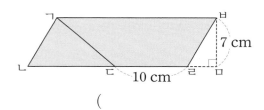

ㄱ ㅂ
7 cm
ㄴ ㄷ 10 cm ㄹ ㅁ

(   )

6-2 삼각형 ㄱㄴㄷ의 넓이가 108 cm^{2}일 때 평행사변형 ㄱㄴㄹㅂ의 넓이는 몇 cm^{2}인지 구하시오.

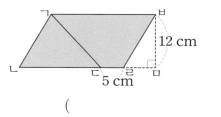

ㄱ ㅂ
12 cm
ㄴ ㄷ 5 cm ㄹ ㅁ

(   )

핵심 예제 ❼

모양과 크기가 같은 마름모 2개를 겹쳐서 만든 도형입니다. 이 도형의 넓이는 몇 m²인지 구하시오.

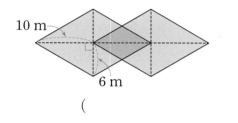

(   )

전략

두 마름모의 넓이의 합에서 겹쳐진 부분의 넓이를 뺍니다.

풀이

마름모 1개를 오른쪽과 같이 겹쳐진 부분 4개로 나눌 수 있습니다.
(마름모 1개의 넓이)=20×12÷2=120 (m²)
(겹쳐진 부분의 넓이)=(마름모 1개의 넓이)÷4
                =120÷4=30 (m²)
➡ (도형의 넓이)=(마름모 2개의 넓이)−(겹쳐진 부분의 넓이)
                =120×2−30=210 (m²)

답 210 m²

7-1 모양과 크기가 같은 마름모 2개를 겹쳐서 만든 도형입니다. 이 도형의 넓이는 몇 cm²인지 구하시오.

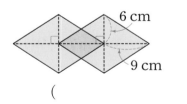

(   )

7-2 모양과 크기가 같은 마름모 2개를 겹쳐서 만든 도형입니다. 이 도형의 넓이는 몇 cm²인지 구하시오.

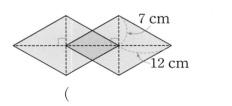

(   )

핵심 예제 ❽

사다리꼴 ㄱㄷㄹㅁ의 넓이는 삼각형 ㄱㄴㄷ의 넓이의 3배입니다. 선분 ㄷㄹ의 길이는 몇 cm인지 구하시오.

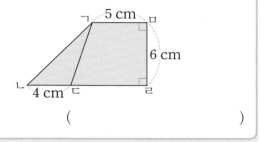

(   )

전략

삼각형 ㄱㄴㄷ의 넓이를 구한 다음 사다리꼴의 넓이를 구하는 방법을 이용하여 선분 ㄷㄹ의 길이를 구해 봅니다.

풀이

(삼각형 ㄱㄴㄷ의 넓이)=4×6÷2=12 (cm²)
(사다리꼴 ㄱㄷㄹㅁ의 넓이)=(삼각형 ㄱㄴㄷ의 넓이)×3
                =12×3=36 (cm²)
선분 ㄷㄹ의 길이를 □ cm라 하면
(5+□)×6÷2=36, (5+□)×6=72, 5+□=12, □=7
입니다. 따라서 선분 ㄷㄹ의 길이는 7 cm입니다.

답 7 cm

8-1 사다리꼴 ㄱㄴㄷㄹ의 넓이는 삼각형 ㄹㄷㅁ의 넓이의 4배입니다. 선분 ㄴㄷ의 길이는 몇 cm인지 구하시오.

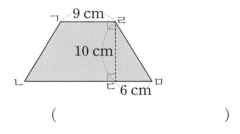

(   )

2주

2주 2일 필수 체크 전략 2

01 두 정다각형의 둘레가 같을 때 ☐ 안에 알맞은 수를 써넣으시오.

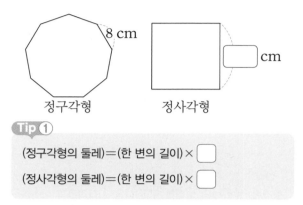

정구각형　　정사각형

Tip ①

(정구각형의 둘레)=(한 변의 길이)×☐

(정사각형의 둘레)=(한 변의 길이)×☐

02 주어진 선분을 한 변으로 하는 둘레가 20 cm인 직사각형을 그리시오.

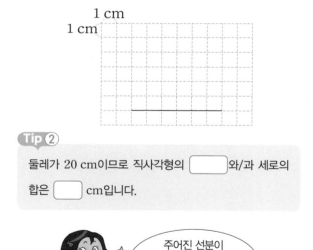

Tip ②

둘레가 20 cm이므로 직사각형의 ☐ 와/과 세로의 합은 ☐ cm입니다.

주어진 선분이 직사각형의 가로가 됩니다.

03 가로가 210 m, 세로가 110 m인 직사각형 모양의 잔디밭에 다음과 같이 길을 만들었습니다. 길을 제외한 잔디밭의 넓이는 몇 m²인지 구하시오.

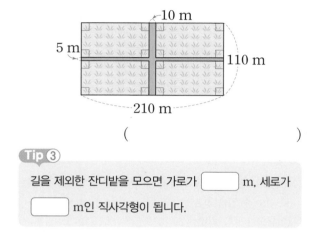

(　　　　　　　　)

Tip ③

길을 제외한 잔디밭을 모으면 가로가 ☐ m, 세로가 ☐ m인 직사각형이 됩니다.

04 두 사각형의 넓이의 차는 몇 cm²인지 구하시오.

⊙ 한 변의 길이가 7 cm인 정사각형의 가로를 6 cm 늘이고 세로를 3 cm 줄여서 만든 직사각형

ⓒ 둘레가 68 cm인 정사각형의 모든 변의 길이를 2 cm씩 줄여서 만든 정사각형

(　　　　　　　　)

Tip ④

(둘레가 68 cm인 정사각형의 한 변의 길이)

=68÷☐=☐ (cm)

답 **Tip** ① 9, 4　② 가로, 10

답 **Tip** ③ 200, 105　④ 4, 17

05 삼각형의 넓이가 80 cm²일 때 ㉠＋㉡의 값은 얼마인지 구하시오.

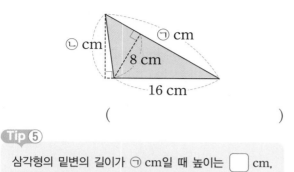

(   )

Tip 5

삼각형의 밑변의 길이가 ㉠ cm일 때 높이는 ☐ cm, 밑변의 길이가 ☐ cm일 때 높이는 ㉡ cm입니다.

06 삼각형 ㄱㄴㄷ의 넓이가 36 cm²일 때 평행사변형 ㄱㄴㄹㅁ의 넓이는 몇 cm²인지 구하시오.

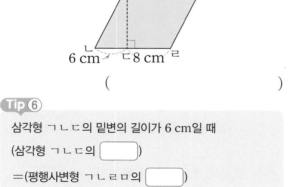

(   )

Tip 6

삼각형 ㄱㄴㄷ의 밑변의 길이가 6 cm일 때

(삼각형 ㄱㄴㄷ의 ☐)

＝(평행사변형 ㄱㄴㄹㅁ의 ☐)

07 다음과 같이 반지름이 8 cm인 원 안에 크기가 같은 정사각형 3개를 겹쳐 그렸습니다. 색칠한 부분의 넓이는 몇 cm²인지 구하시오.

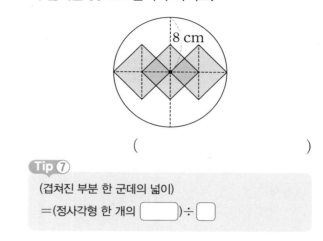

(   )

Tip 7

(겹쳐진 부분 한 군데의 넓이)

＝(정사각형 한 개의 ☐)÷ ☐

08 사다리꼴 ㄱㄴㄹㅁ의 넓이는 삼각형 ㄱㄴㄷ의 넓이의 6배입니다. 변 ㄱㅁ의 길이는 몇 cm인지 구하시오.

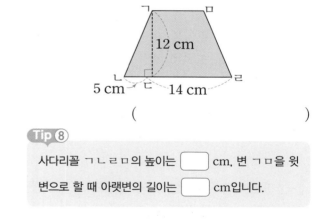

(   )

Tip 8

사다리꼴 ㄱㄴㄹㅁ의 높이는 ☐ cm, 변 ㄱㅁ을 윗변으로 할 때 아랫변의 길이는 ☐ cm입니다.

답 Tip ⑤ 8, 16 ⑥ 높이, 높이

답 Tip ⑦ 넓이, 4 ⑧ 12, 19

핵심 예제 ❶

오른쪽과 같이 한 변의 길이가 36 cm인 정사각형을 크기가 같은 직사각형 6개로 나누었습니다. 가장 작은 직사각형 한 개의 둘레는 몇 cm인지 구하시오.

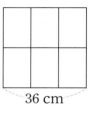

( )

전략

정사각형의 가로와 세로가 각각 몇 개의 직사각형으로 나누어졌는지 알아보고 직사각형의 가로와 세로를 구해 봅니다.

풀이

(직사각형의 가로)=36÷3=12 (cm)
(직사각형의 세로)=36÷2=18 (cm)
➡ (직사각형의 둘레)=(12+18)×2=60 (cm)

답 60 cm

1-1 오른쪽과 같이 한 변의 길이가 60 cm인 정사각형을 크기가 같은 직사각형 12개로 나누었습니다. 가장 작은 직사각형 한 개의 둘레는 몇 cm인지 구하시오.

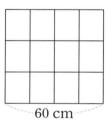

( )

1-2 오른쪽과 같이 한 변의 길이가 45 cm인 정사각형을 크기가 같은 직사각형 15개로 나누었습니다. 가장 작은 직사각형 한 개의 둘레는 몇 cm인지 구하시오.

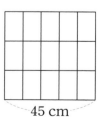

( )

핵심 예제 ❷

오른쪽 정칠각형과 둘레가 같은 직사각형을 만들었습니다. 직사각형의 가로가 16 cm일 때 세로는 몇 cm인지 구하시오.

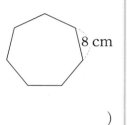

( )

전략

정칠각형의 둘레는 직사각형의 가로와 세로의 합의 2배입니다.

풀이

(직사각형의 둘레)=(정칠각형의 둘레)=8×7=56 (cm)
직사각형의 세로를 □ cm라 하면 (16+□)×2=56,
16+□=28, □=12입니다.

답 12 cm

2-1 오른쪽 정팔각형과 둘레가 같은 직사각형을 만들었습니다. 직사각형의 가로가 21 cm일 때 세로는 몇 cm인지 구하시오.

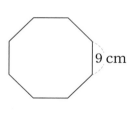

( )

2-2 오른쪽 정육각형과 둘레가 같은 직사각형을 만들었습니다. 직사각형의 세로가 9 cm일 때 가로는 몇 cm인지 구하시오.

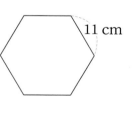

( )

▶▶ 정답과 풀이 42쪽

핵심 예제 ③

가로가 25 cm, 세로가 4 cm인 직사각형과 넓이가 같은 정사각형의 둘레는 몇 cm인지 구하시오.

(   )

전략

(정사각형의 넓이)=(직사각형의 넓이)임을 이용해 정사각형의 한 변의 길이를 구한 다음 둘레를 구해 봅니다.

풀이

(정사각형의 넓이)=(직사각형의 넓이)=$25 \times 4 = 100$ (cm²)
정사각형의 한 변의 길이를 □ cm라 하면
□×□=100, □=10입니다.
⇨ (정사각형의 둘레)=$10 \times 4 = 40$ (cm)

답 40 cm

3-1 가로가 4 cm, 세로가 16 cm인 직사각형과 넓이가 같은 정사각형의 둘레는 몇 cm인지 구하시오.

(   )

3-2 밑변의 길이가 18 cm, 높이가 8 cm인 평행사변형과 넓이가 같은 정사각형의 둘레는 몇 cm인지 구하시오.

(   )

(정사각형의 둘레)=(한 변의 길이)×4
입니다.

핵심 예제 ④

모눈종이 위에 둘레가 22 cm이고 넓이가 24 cm²인 직사각형을 그리시오.

전략

(가로)+(세로)=$22 \div 2 = 11$ (cm), (가로)×(세로)=24 (cm²)를 만족하는 직사각형을 그립니다.

풀이

직사각형의 둘레가 22 cm이고 넓이가 24 cm²이므로
(가로)+(세로)=$22 \div 2 = 11$ (cm), (가로)×(세로)=24 (cm²)입니다. $8 + 3 = 11$, $8 \times 3 = 24$이므로 가로 8 cm, 세로 3 cm 또는 가로 3 cm, 세로 8 cm인 직사각형을 그립니다.

답 예

4-1 모눈종이 위에 둘레가 18 cm이고 넓이가 18 cm²인 직사각형을 그리시오.

4-2 모눈종이 위에 둘레가 24 cm이고 넓이가 35 cm²인 직사각형을 그리시오.

핵심 예제 5

색칠한 부분의 넓이는 몇 cm²인지 구하시오.

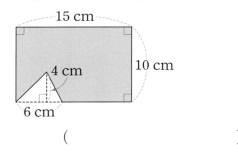

( )

전략

삼각형을 더해 만든 직사각형의 넓이에서 삼각형의 넓이를 뺍니다.

풀이

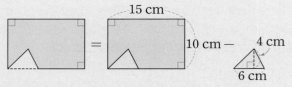

(직사각형의 넓이)$=15 \times 10 = 150$ (cm²)
(삼각형의 넓이)$=6 \times 4 \div 2 = 12$ (cm²)
⇨ (색칠한 부분의 넓이)$=$(직사각형의 넓이)$-$(삼각형의 넓이)
$\qquad\qquad\qquad\quad =150-12=138$ (cm²)

답 138 cm²

5-1 색칠한 부분의 넓이는 몇 cm²인지 구하시오.

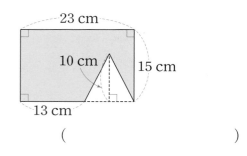

( )

핵심 예제 6

색칠한 부분의 넓이가 15 m²일 때 삼각형 ㄱㄴㄷ의 넓이는 몇 m²인지 구하시오.

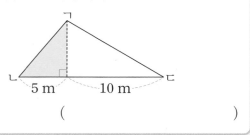

( )

전략

색칠한 부분의 넓이를 이용해 높이를 구한 다음 삼각형 ㄱㄴㄷ의 넓이를 구해 봅니다.

풀이

변 ㄴㄷ을 밑변으로 할 때 높이를 □ m라 하면
$5 \times □ \div 2 = 15$, $5 \times □ = 30$, $□=6$입니다.
⇨ (삼각형 ㄱㄴㄷ의 넓이)$=(5+10) \times 6 \div 2 = 45$ (m²)

답 45 m²

6-1 색칠한 부분의 넓이가 18 m²일 때 삼각형 ㄱㄴㄷ의 넓이는 몇 m²인지 구하시오.

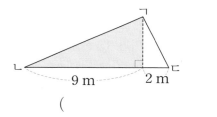

( )

6-2 색칠한 부분의 넓이가 35 m²일 때 삼각형 ㄱㄴㄷ의 넓이는 몇 m²인지 구하시오.

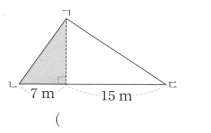

( )

핵심 예제 7

오른쪽과 같이 지름이 6 cm인 원 안에 가장 큰 마름모를 그렸습니다. 색칠한 부분의 넓이는 몇 cm² 인지 구하시오.

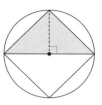

(   )

전략

(마름모의 한 대각선의 길이)=(원의 지름)임을 이용해 마름모의 넓이를 구한 다음 색칠한 부분의 넓이의 몇 배인지 알아봅니다.

풀이

(마름모의 한 대각선의 길이)=(원의 지름)=6 cm

(마름모의 넓이)=6×6÷2=18 (cm²)

⇨ (색칠한 부분의 넓이)=(마름모의 넓이)÷2

=18÷2=9 (cm²)

답 9 cm²

7-1 오른쪽과 같이 지름이 8 cm인 원 안에 가장 큰 마름모를 그렸습니다. 색칠한 부분의 넓이는 몇 cm²인지 구하시오.

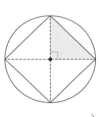

(   )

7-2 오른쪽과 같이 반지름이 12 cm 인 원 안에 가장 큰 마름모를 그렸습니다. 색칠한 부분의 넓이는 몇 cm²인지 구하시오.

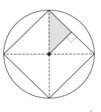

(   )

핵심 예제 8

사다리꼴 ㄱㄴㄷㄹ의 넓이가 42 cm²일 때 사다리꼴 ㅁㅂㄷㄹ의 높이는 몇 cm인지 구하시오.

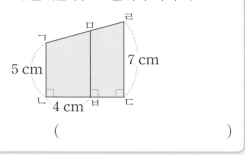

(   )

전략

(사다리꼴 ㅁㅂㄷㄹ의 높이)=(선분 ㅂㄷ의 길이)입니다.

사다리꼴 ㄱㄴㄷㄹ의 넓이를 이용해 선분 ㄴㄷ의 길이를 구한 다음 선분 ㄴㅂ의 길이를 뺍니다.

풀이

선분 ㄴㄷ의 길이를 □ cm라 하면

(5+7)×□÷2=42, 12×□=84, □=7입니다.

⇨ (사다리꼴 ㅁㅂㄷㄹ의 높이)=(선분 ㅂㄷ의 길이)

=7-4=3 (cm)

답 3 cm

8-1 사다리꼴 ㄱㄴㄷㄹ의 넓이가 192 cm²일 때 사다리꼴 ㅁㅂㄷㄹ의 높이는 몇 cm인지 구하시오.

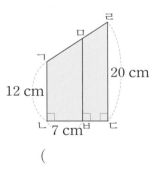

(   )

2주

01 가로가 2 m, 세로가 3 m인 직사각형 모양의 벽에 가로가 40 cm, 세로가 50 cm인 벽지를 서로 겹치지 않게 빈틈없이 붙이려고 합니다. 필요한 벽지는 몇 장인지 구하시오.

(   )

Tip ①

2 m = ☐ cm, 3 m = ☐ cm입니다.
벽의 가로와 세로가 각각 몇 장의 벽지로 나누어지는지 알아봅니다.

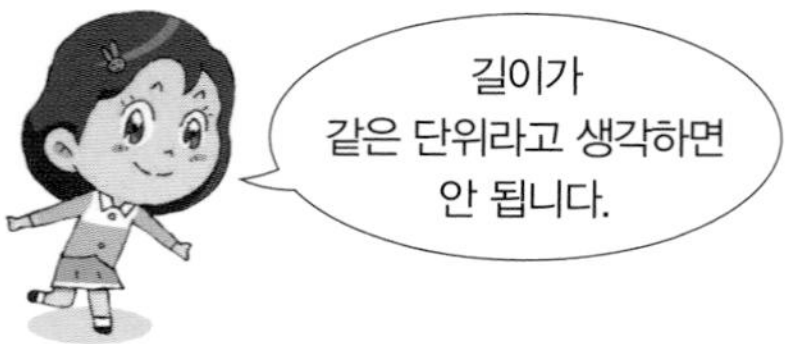

길이가 같은 단위라고 생각하면 안 됩니다.

02 종이끈으로 한 변의 길이가 12 cm인 정오각형을 만들었다가 이 종이끈으로 가로가 세로의 2배인 직사각형을 만들었습니다. 이 직사각형의 가로는 몇 cm인지 구하시오.

(   )

Tip ②

(종이끈의 길이) = (정오각형의 ☐)
직사각형의 가로와 세로의 합은 세로의 ☐배입니다.

03 다음 사다리꼴과 직사각형의 넓이가 같을 때, 직사각형의 둘레는 몇 cm인지 구하시오.

사다리꼴   직사각형

(   )

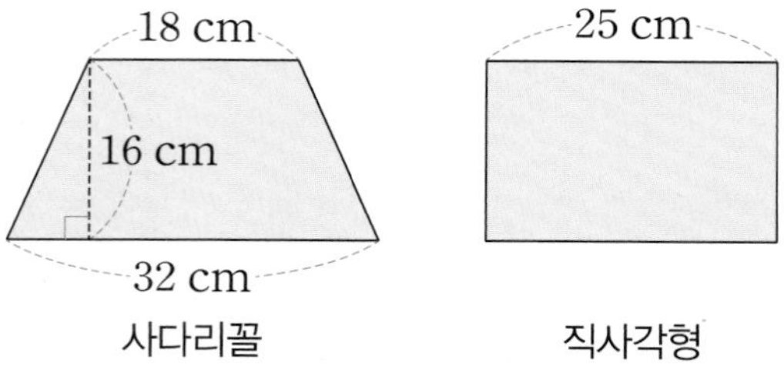

Tip ③

직사각형의 세로를 ■ cm라 하면
☐ × ■ = (18 + 32) × 16 ÷ ☐ 입니다.

04 둘레가 14 cm인 직사각형 중 넓이가 가장 넓은 직사각형의 넓이는 몇 cm²인지 구하시오. (단, 직사각형의 가로와 세로는 모두 자연수입니다.)

(   )

Tip ④

가로와 ☐의 합이 ☐ cm인 직사각형을 찾고 각각의 넓이를 구해 봅니다.

05 직사각형 모양의 색종이를 반으로 접어 그림과 같이 삼각형 모양으로 잘랐습니다. 삼각형 모양을 잘라내고 남은 색종이를 펼쳤을 때 넓이는 몇 cm²인지 구하시오.

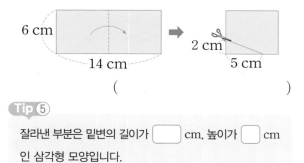

(   )

Tip 5

잘라낸 부분은 밑변의 길이가 ☐ cm, 높이가 ☐ cm 인 삼각형 모양입니다.

06 가, 나, 다를 이어 붙여 사다리꼴 ㄱㄴㄷㄹ을 만들었습니다. 가와 다의 넓이가 같고 나의 넓이가 48 cm²일 때 사다리꼴 ㄱㄴㄷㄹ의 넓이는 몇 cm²인지 구하시오.

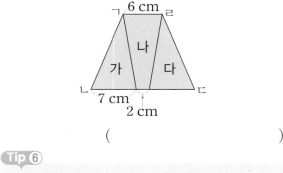

(   )

Tip 6

가의 밑변의 길이가 ☐ cm일 때, 높이는 나의 ☐ 와/과 같습니다.

07 사각형 ㄱㄴㄷㄹ과 사각형 ㅁㅂㅅㅇ은 모두 정사각형입니다. 사각형 ㄱㄴㄷㄹ의 넓이가 64 cm²일 때 사각형 ㅁㅂㅅㅇ의 넓이는 몇 cm²인지 구하시오.

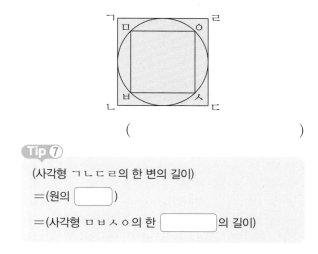

(   )

Tip 7

(사각형 ㄱㄴㄷㄹ의 한 변의 길이)
=(원의 ☐)
=(사각형 ㅁㅂㅅㅇ의 한 ☐ 의 길이)

08 사다리꼴 ㅁㅂㄷㄹ의 넓이는 평행사변형 ㄱㄴㅂㅁ의 넓이의 5배입니다. 선분 ㅂㄷ의 길이는 몇 m인지 구하시오.

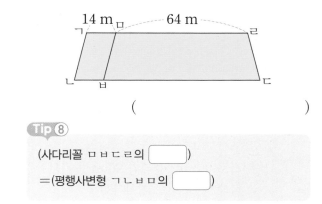

(   )

Tip 8

(사다리꼴 ㅁㅂㄷㄹ의 ☐)
=(평행사변형 ㄱㄴㅂㅁ의 ☐)

01 다음 정오각형과 직사각형의 둘레가 같을 때 □ 안에 알맞은 수를 써넣으시오.

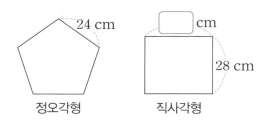

24 cm

정오각형

□ cm

28 cm

직사각형

04 색칠한 부분의 넓이는 몇 cm²인지 구하시오.

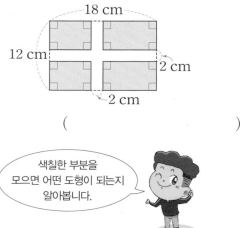

18 cm

12 cm

2 cm

2 cm

(   )

색칠한 부분을 모으면 어떤 도형이 되는지 알아봅니다.

02 한 변의 길이가 3 cm인 정사각형을 겹치지 않게 이어 붙여서 다음과 같은 도형을 만들었습니다. 도형의 둘레는 몇 cm인지 구하시오.

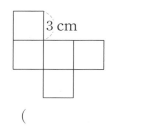

3 cm

(   )

05 다음 직사각형과 평행사변형의 넓이가 같을 때 □ 안에 알맞은 수를 써넣으시오.

6 cm

10 cm

직사각형

12 cm

□ cm

평행사변형

03 두 도형의 넓이의 차는 몇 m²인지 구하시오.

㉠ 가로가 5 m, 둘레가 26 m인 직사각형
㉡ 둘레가 24 m인 정사각형

(   )

06 다음 삼각형에서 변 ㄱㄴ의 길이는 몇 cm인지 구하시오.

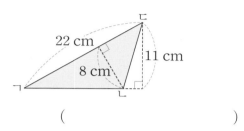

(   )

07 도형의 넓이는 몇 cm^{2}인지 구하시오.

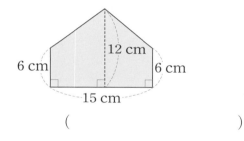

(   )

08 마름모의 두 대각선의 길이입니다. 넓이가 <u>다른</u> 하나는 어느 것입니까? ··················· (   )

① 8 cm, 10 cm   ② 20 cm, 4 cm

③ 5 cm, 16 cm   ④ 18 cm, 3 cm

⑤ 40 cm, 2 cm

09 사각형 ㄱㄴㄷㄹ과 사각형 ㄱㅁㄷㅂ은 마름모입니다. 색칠한 부분의 넓이는 몇 cm^{2}인지 구하시오.

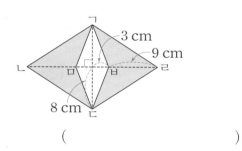

(   )

10 사다리꼴 ㄱㄴㄷㄹ의 넓이가 30 cm^{2}일 때 선분 ㅁㄹ의 길이는 몇 cm인지 구하시오.

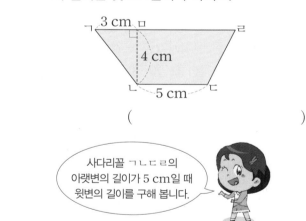

(   )

사다리꼴 ㄱㄴㄷㄹ의 아랫변의 길이가 5 cm일 때 윗변의 길이를 구해 봅니다.

2주

01 준범이가 덴마크의 국기에 대해 알아보고 그린 것입니다. 빨간색 부분의 넓이는 몇 cm²인지 구하시오.

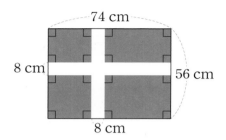

> 빨간색 바탕에 흰색 십자가가 그려져 있으며 '덴마크의 힘'이라는 뜻의 '단네브로그(Dannebrog)'라는 이름으로 부릅니다.
> 1219년 덴마크의 국왕이었던 발데마르 2세가 에스토니아군과의 전투에서 고전을 겪고 있을 때 갑자기 하늘에서 하얀색 십자가가 그려진 붉은색 깃발이 날아오면서 덴마크 군대가 승리했다는 전설에서 유래하였습니다.

(   )

Tip ①

빨간색 부분을 모으면
가로가 ☐ cm, 세로가 ☐ cm인
직사각형이 만들어집니다.

02 다음과 같은 직사각형 모양의 주차장이 있습니다. 주차 구역은 크기가 같은 직사각형 모양이며 주차 구역 사이의 간격도 모두 같습니다. 주차 구역 한 칸의 둘레는 몇 m인지 구하시오.

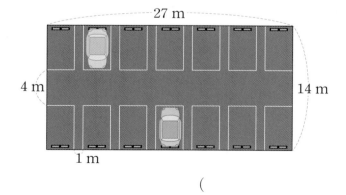

(   )

Tip ②

(주차장의 가로)
=(주차 구역 한 칸의 가로)×☐+☐
=27 (m)

답 Tip ① 66, 48 ② 7, 6

03 진웅이가 정사각형 모양의 색종이를 다음과 같이 접어 사다리꼴을 만들었습니다. 사다리꼴의 넓이는 몇 cm²인지 구하시오.

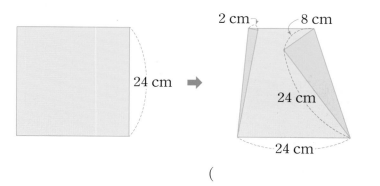

(   )

Tip ③

사다리꼴의 높이는 ☐ cm이고 아랫변의 길이가 24 cm일 때 윗변의 길이는 24−(2+☐) (cm)입니다.

2주

04 다음은 과속 방지 턱을 위에서 본 것입니다. 평행사변형의 크기가 모두 같을 때 색칠한 부분의 넓이는 몇 cm²인지 구하시오.

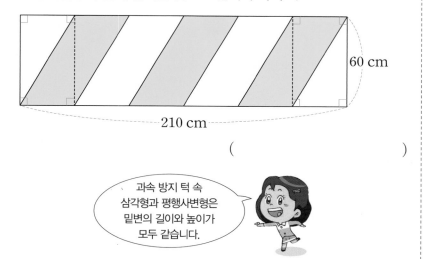

(   )

과속 방지 턱 속 삼각형과 평행사변형은 밑변의 길이와 높이가 모두 같습니다.

Tip ④

과속 방지 턱의 가로는 평행사변형의 ☐의 길이의 ☐배입니다.

답 Tip ③ 24, 8 ④ 밑변, 6

05 혜정이가 정사각형 모양의 도화지에 화가 몬드리안의 작품과 비슷한 그림을 그렸습니다. 색칠한 부분은 모두 정사각형이고 빨간색과 초록색으로 색칠한 부분의 둘레가 112 cm일 때 도화지의 넓이는 몇 cm^2인지 구하시오.

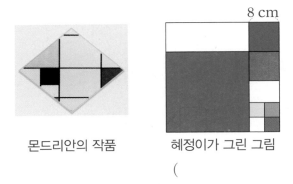

몬드리안의 작품   혜정이가 그린 그림

8 cm

(   )

Tip ⑤

초록색 정사각형의 한 변의 길이를 ■ cm라 하면 빨간색과 초록색으로 색칠한 부분의 둘레는 가로가 (■ + ☐) cm, 세로가 ☐ cm인 직사각형의 둘레와 같습니다.

06 해가 움직이면서 키가 12 m인 나무의 그림자가 다음과 같이 바뀌었습니다. ㉠과 ㉡의 차는 얼마인지 구하시오.

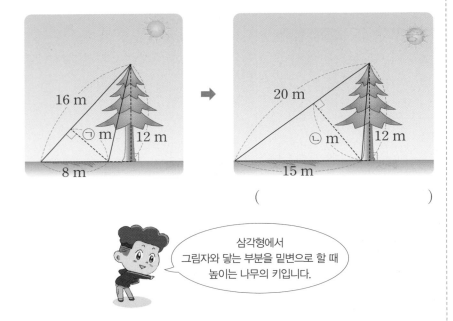

(   )

삼각형에서 그림자와 닿는 부분을 밑변으로 할 때 높이는 나무의 키입니다.

Tip ⑥

해가 움직이기 전의 삼각형에서 ☐의 길이가 8 m일 때 높이는 ☐ m입니다.

07 크기가 다른 정사각형 4개를 겹치지 않게 이어 붙여서 다음과 같은 도형을 만들었습니다. 물음에 답하시오.

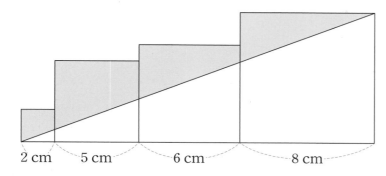

2 cm   5 cm   6 cm   8 cm

Tip ⑦
색칠하지 않은 부분은 밑변의 길이가
☐ cm, 높이가 8 cm인
☐ 입니다.

(1) 도형의 둘레는 몇 cm인지 구하시오.

(   )

(2) 도형의 넓이는 몇 cm²인지 구하시오.

(   )

(3) 색칠하지 않은 부분의 넓이는 몇 cm²인지 구하시오.

(   )

(4) 색칠한 부분의 넓이는 몇 cm²인지 구하시오.

(   )

도형의 넓이는
정사각형 4개의 넓이의 합과
같습니다.

답 **Tip** ⑦ 21, 삼각형

01 경재가 경주의 문화재를 찾아 이동한 경로입니다. 숙소에서 출발하여 첨성대까지 2 km를 가고 다보탑과 석굴암을 차례로 간 다음, 갔던 길을 되돌아 숙소로 왔습니다. 경재가 이동한 거리는 모두 몇 km입니까?

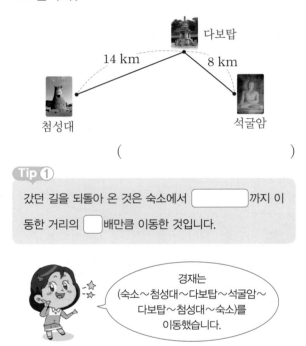

(   )

Tip ①

갔던 길을 되돌아 온 것은 숙소에서 [   ]까지 이동한 거리의 [   ]배만큼 이동한 것입니다.

경재는
(숙소~첨성대~다보탑~석굴암~
다보탑~첨성대~숙소)를
이동했습니다.

02 온도를 나타내는 단위에는 섭씨(℃)와 화씨(℉)가 있습니다. 다음 화씨 온도계를 보고 현재 온도를 섭씨로 나타내면 몇 ℃인지 구하시오.

화씨 온도와 섭씨 온도의 관계

화씨 온도에서 32를 뺀 수에 10을 곱하고 18로 나누면 섭씨 온도가 됩니다.

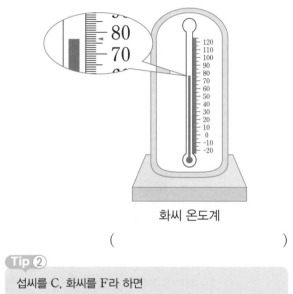

화씨 온도계

(   )

Tip ②

섭씨를 C, 화씨를 F라 하면
$C = (F - \boxed{}) \times \boxed{} \div 18$입니다.

답 **Tip** ① 석굴암, 2

답 **Tip** ② 32, 10

03 아무것도 매달지 않았을 때의 길이가 15 cm인 용수철이 있습니다. 이 용수철에 무게가 1 kg인 추를 한 개씩 매달 때마다 3 cm씩 늘어납니다. 용수철의 길이가 33 cm일 때 매단 추는 모두 몇 개입니까?

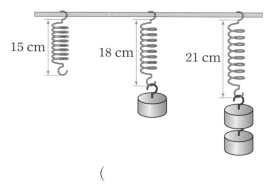

(   )

Tip ③

추의 수가 1개씩 늘어날 때 용수철의 길이는 ☐ cm씩 늘어나므로 ☐ cm에서 3 cm씩 몇 번을 더해야 33 cm가 되는지 알아봅니다.

04 도형 안의 수가 다음과 같이 규칙에 따라 바뀝니다. ㉠+㉡÷㉢-㉣의 값을 구하시오.

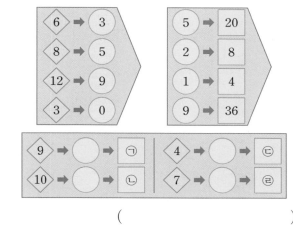

(   )

Tip ④

◇ 안의 수에서 ☐을/를 빼면 ○ 안의 수가 됩니다.
○ 안의 수를 ☐배 하면 ☐ 안의 수가 됩니다.

◇ ⇨ ○ ⇨ ☐은
◇ ⇨ ○을 먼저 구하고 그 값을 ○에 넣어
○ ⇨ ☐을 구해야 합니다.

05 하노이 탑을 쌓은 모양을 앞에서 본 모습입니다. 빨간색 굵은 선으로 둘러싸인 도형의 둘레는 몇 cm인지 구하시오.

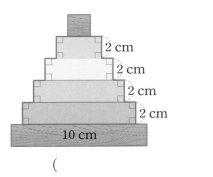

2 cm
2 cm
2 cm
2 cm
10 cm

(   )

Tip 5

빨간색 굵은 선으로 둘러싸인 도형의 변의 위치를 옮겨서 가로가 10 cm, 세로가 [   ] cm인 [   ]
을/를 만들 수 있습니다.

06 밑변의 길이가 4 cm, 높이가 3 cm인 삼각형 조각으로 규칙적인 배열을 만들고 있습니다. 6째에 놓이는 모양의 넓이는 몇 cm²인지 구하시오.

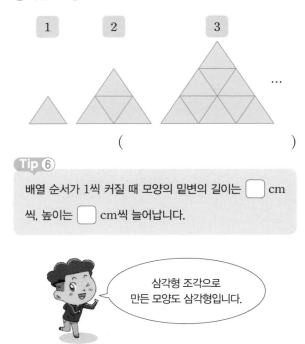

1   2   3   ...

(   )

Tip 6

배열 순서가 1씩 커질 때 모양의 밑변의 길이는 [   ] cm씩, 높이는 [   ] cm씩 늘어납니다.

삼각형 조각으로
만든 모양도 삼각형입니다.

07 칠교판으로 만든 조각의 넓이는 몇 cm²인지 구하시오.

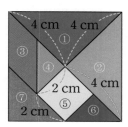

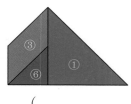

(   )

Tip ⑦

(③+⑥)은 윗변의 길이가 ☐ cm, 아랫변의 길이가 4 cm, 높이가 ☐ cm인 사다리꼴입니다.

칠교판의 일곱 조각은
직각삼각형 큰 것 2개(①, ②),
중간 것 1개(⑦), 작은 것 2개(④, ⑥),
그리고 정사각형(⑤)과 평행사변형(③)
각 1개씩으로 이루어져
있습니다.

08 큰 마름모 모양의 정원 안에 각각의 대각선의 길이의 반을 대각선의 길이로 하는 작은 마름모 모양의 호수를 만들었습니다. 호수를 제외한 나머지 정원의 넓이는 몇 m²인지 구하시오.

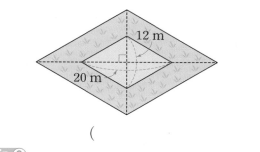

(   )

Tip ⑧

큰 마름모 모양의 긴 쪽의 대각선의 길이는 ☐ m, 짧은 쪽의 대각선의 길이는 ☐ m입니다.

답 Tip ⑦ 2, 2

답 Tip ⑧ 40, 24

01 ☐ 안에 공통으로 들어갈 수 있는 자연수 중 가장 큰 수와 가장 작은 수의 합을 구하시오.

> - $36 - 90 \div (6 + 12) \times 7 < $ ☐
> - ☐ $< (63 - 31) \div 4 + 2 \times 6$

(   )

02 요술 상자에 수를 넣으면 규칙에 따라 수가 바뀌어 나옵니다. 요술 상자에 어떤 수를 넣어야 50이 나오는지 구하시오.

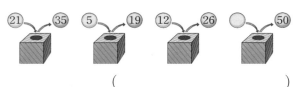

(   )

03 다음 식이 성립하도록 ( )로 묶어 보시오.

> $42 + 48 \div 6 - 2 = 54$

04 경호의 나이와 연도 사이의 대응 관계를 나타낸 표입니다. 경호가 25살이 되는 해는 몇 년입니까?

경호의 나이(살)	11	12	13	14	⋯
연도(년)	2023	2024	2025	2026	⋯

(   )

> 연도가 1년씩 늘어날 때 경호의 나이도 1살씩 늘어납니다.

05 다음과 같이 약속할 때 5◆(8⊙4)는 얼마인지 구하시오.

$$가◆나=(가+나)\times3-7$$
$$가⊙나=나\times5-가$$

(   )

06 어느 동물원의 입장료는 4000원입니다. 나희네 반 학생들이 입장료로 90000원을 내고 6000원을 거스름돈으로 받았다면 나희네 반 학생들은 모두 몇 명입니까?

(   )

나희네 반 학생들의 동물원 입장료는 (낸 돈)−(거스름돈)입니다.

07 25에서 어떤 수를 뺀 값에 4를 곱해야 하는 것을 잘못하여 25와 어떤 수의 곱에서 4를 뺐더니 296이 되었습니다. 바르게 계산한 값을 구하시오.

(   )

어떤 수를 □라 놓고 잘못 계산한 것을 식으로 나타내어 봅니다.

08 탁자와 의자를 다음과 같이 놓으려고 합니다. 의자 30개를 놓으려면 탁자는 몇 개 필요합니까?

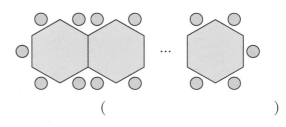

(   )

09 준희가 공책 5권과 지우개 3개, 연필 몇 자루를 사고 10000원을 냈더니 거스름돈 1100원을 받았습니다. 준희는 연필을 몇 자루 샀습니까?

공책 1권의 가격	지우개 1개의 가격	연필 1자루의 가격
900원	400원	800원

(   )

10 다음과 같이 길이가 6 cm인 색 테이프를 1 cm씩 겹치게 이어 붙이고 있습니다. 색 테이프 9장을 이어 붙였을 때 전체 길이는 몇 cm입니까?

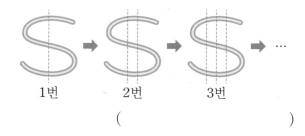

(   )

11 다음 식이 성립하도록 ◯ 안에 ＋, －, ×, ÷를 한 번씩 써넣으시오.

$$82 \bigcirc 63 \bigcirc 7 \bigcirc 8 \bigcirc 5 = 113$$

÷가 들어갈 ◯ 앞의 수가 ◯ 뒤의 수로 나누어떨어져야 합니다.

12 그림과 같이 점선을 따라 끈을 자르려고 합니다. 끈을 한 번 자르는 데 5분이 걸린다면 쉬지 않고 40도막으로 자르는 데 모두 몇 분이 걸립니까?

S ➡ S ➡ S ➡ ...
1번   2번   3번

(   )

13 길이가 72 cm인 색 테이프를 8등분 한 것 중의 세 도막과 길이가 55 cm인 색 테이프를 5등분 한 것 중의 한 도막을 겹치는 부분이 각각 4 cm가 되도록 한 줄로 길게 이어 붙였습니다. 이어 붙인 색 테이프의 전체 길이는 몇 cm입니까?

( )

15 무게가 같은 사과 12개를 상자에 넣고 무게를 재어 보니 2530 g이었습니다. 여기에 똑같은 사과 9개를 더 넣고 무게를 재어 보니 4150 g이었을 때 빈 상자의 무게는 몇 g인지 구하시오.

( )

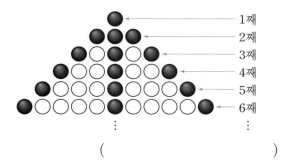

((사과 21개를 담은 상자의 무게)
─(사과 12개를 담은 상자의 무게))
=(사과 9개의 무게)입니다.

14 재욱이와 수민이가 수 알아맞히기 놀이를 하고 있습니다. 규칙을 찾아 빈 곳에 알맞은 수를 구하시오.

재욱이가 말한 수	13	24	38	10	57
수민이가 답한 수	4	6	11	1	

( )

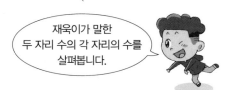

재욱이가 말한
두 자리 수의 각 자리의 수를
살펴봅니다.

16 다음과 같이 바둑돌을 놓고 있습니다. 20째까지 사용한 바둑돌 중 어떤 색 바둑돌이 몇 개 더 많은지 차례로 구하시오.

1째
2째
3째
4째
5째
6째

( )

01 다음 직사각형과 정사각형의 둘레가 같을 때 정사각형의 한 변의 길이는 몇 cm인지 구하시오.

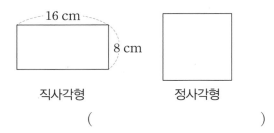

직사각형   정사각형

(   )

02 가로가 14 cm, 세로가 10 cm인 작은 직사각형 6개를 겹치지 않게 이어 붙여서 만든 도형입니다. 도형의 둘레는 몇 cm인지 구하시오.

14 cm

10 cm

(   )

작은 직사각형을 이어 붙여서 만든 도형도 직사각형입니다.

03 종이끈으로 한 변의 길이가 18 cm인 정육각형을 만들었다가 이 종이끈으로 가로가 세로보다 4 cm 짧은 직사각형을 만들었습니다. 이 직사각형의 가로는 몇 cm인지 구하시오.

(   )

(종이끈의 길이)
＝(정육각형의 둘레)
입니다.

04 새로 만든 두 사각형의 넓이의 합은 몇 cm²인지 구하시오.

> ㉠ 둘레가 56 cm인 정사각형의 모든 변의 길이를 3 cm씩 늘여서 만든 정사각형
> ㉡ 한 변의 길이가 11 cm인 정사각형의 가로를 2 cm 줄이고 세로를 5 cm 늘여서 만든 직사각형

(   )

>> 정답과 풀이 50쪽

05 도형의 넓이는 몇 cm²인지 구하시오.

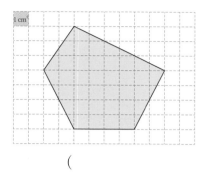

(   )

06 크기가 같은 직사각형 모양의 종이 2개를 겹쳐서 만든 도형입니다. 도형의 넓이가 530 cm²이고 겹쳐진 부분이 정사각형일 때 정사각형의 한 변의 길이는 몇 cm인지 구하시오.

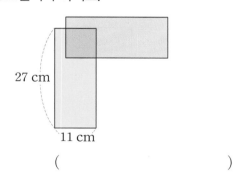

(   )

07 삼각형의 넓이가 150 cm²일 때 ㉠－㉡의 값을 구하시오.

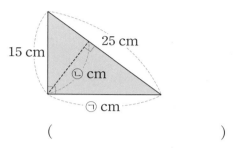

(   )

08 직사각형 모양의 편지 봉투입니다. 색칠한 부분의 넓이는 몇 cm²인지 구하시오.

(   )

색칠하지 않은 부분은 사다리꼴 모양입니다.

09 가로가 6 m, 세로가 4 m인 직사각형 모양의 벽에 가로가 40 cm, 세로가 25 cm인 벽지를 서로 겹치지 않게 빈틈없이 붙이려고 합니다. 필요한 벽지는 몇 장인지 구하시오.

(   )

10 준태네 집의 설계도입니다. 주방 및 거실의 넓이는 몇 m²인지 구하시오.

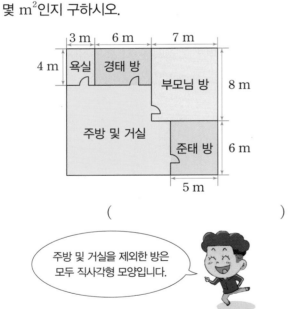

(   )

> 주방 및 거실을 제외한 방은 모두 직사각형 모양입니다.

11 사다리꼴 ㄱㄴㄹㅁ의 넓이는 삼각형 ㄱㄴㄷ의 넓이의 5배입니다. 선분 ㄷㄹ의 길이는 몇 cm인지 구하시오.

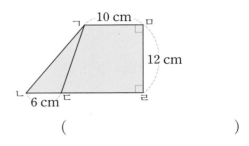

(   )

12 둘레가 92 cm인 직사각형 안에 네 변의 한가운데를 이어 마름모를 그렸습니다. 색칠한 부분의 넓이는 몇 cm²인지 구하시오.

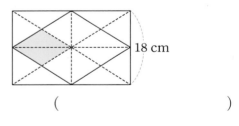

(   )

13 사다리꼴 ㅁㅂㄷㄹ의 넓이가 사다리꼴 ㄱㄴㅂㅁ 의 넓이의 3배일 때 선분 ㅁㄹ의 길이는 몇 cm인 지 구하시오.

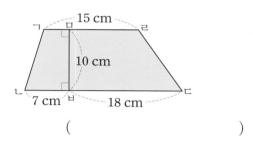

(   )

14 사다리꼴 ㄱㄴㄷㄹ의 넓이는 몇 cm²인지 구하 시오.

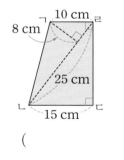

(   )

15 직사각형 1개와 정사각형 2개를 겹치지 않게 붙여 서 만든 도형입니다. 도형 전체의 넓이가 1124 cm² 일 때 이 도형의 둘레는 몇 cm인지 구하시오.

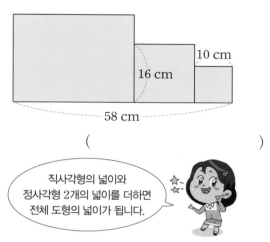

(   )

직사각형의 넓이와 정사각형 2개의 넓이를 더하면 전체 도형의 넓이가 됩니다.

배움으로 행복한 내일을 꿈꾸는
천재교육 커뮤니티 안내

. . .

교재 안내부터 구매까지 한 번에!
천재교육 홈페이지

자사가 발행하는 참고서, 교과서에 대한 소개는 물론
도서 구매도 할 수 있습니다. 회원에게 지급되는 별을 모아
다양한 상품 응모에도 도전해 보세요!

다양한 교육 꿀팁에 깜짝 이벤트는 덤!
천재교육 인스타그램

천재교육의 새롭고 중요한 소식을 가장 먼저 접하고 싶다면?
천재교육 인스타그램 팔로우가 필수!
깜짝 이벤트도 수시로 진행되니 놓치지 마세요!

수업이 편리해지는
천재교육 ACA 사이트

오직 선생님만을 위한, 천재교육 모든 교재에 대한 정보가 담긴
아카 사이트에서는 다양한 수업자료 및 부가 자료는 물론
시험 출제에 필요한 문제도 다운로드하실 수 있습니다.

https://aca.chunjae.co.kr

천재교육을 사랑하는 샘들의 모임
천사샘

학원 강사, 공부방 선생님이시라면 누구나 가입할 수 있는 천사샘!
교재 개발 및 평가를 통해 교재 검토진으로 참여할 수 있는 기회는 물론
다양한 교사용 교재 증정 이벤트가 선생님을 기다립니다.

아이와 함께 성장하는 학부모들의 모임공간
튠맘 학습연구소

튠맘 학습연구소는 초·중등 학부모를 대상으로 다양한 이벤트와 함께
교재 리뷰 및 학습 정보를 제공하는 네이버 카페입니다.
초등학생, 중학생 자녀를 둔 학부모님이라면 튠맘 학습연구소로 오세요!

book.chunjae.co.kr

교재 내용 문의 ··························	교재 홈페이지 ▶ 초등 ▶ 교재상담
교재 내용 외 문의 ····················	교재 홈페이지 ▶ 고객센터 ▶ 1:1문의
발간 후 발견되는 오류 ···············	교재 홈페이지 ▶ 초등 ▶ 학습지원 ▶ 학습자료실

일등공략 필승학습!
단기간에 끝장내자!

일등
전략

초등 **수학**
5·1

BOOK 3
정답과 풀이

천재교육

정답은
이안에
있어!

정답과 풀이

BOOK1

일등 전략 5-1

1주 1일

01 1, 2, 4, 8 ; 1, 2, 4, 8   **02** 7, 14, 21 ; 7, 14, 21
03 배수, 약수   **04** 2, 5 ; 2, 4
05 2, 5 ; 2, 5, 10   **06** 1, 2, 4, 8
07 3명   **08** 3, 7 ; 7, 84
09 5, 2 ; 5, 2, 30   **10** 예 20, 40, 60
11 12일 후
12 (1) 957에 ◯표 (2) 725에 ◯표 (3) 576에 ◯표
13 4   **14** 21

01 8의 약수는 8을 나누어떨어지게 하는 수입니다.

02 7의 배수는 7을 1배, 2배, 3배, … 한 수입니다.

03 ■＝▲×●에서 ▲와 ●는 ■의 약수이고, ■는 ▲와 ●의 배수입니다.

04 $16＝2×2×2×2$
$20＝2×2×5$
➾ 최대공약수: $2×2＝4$

05 20과 30의 최대공약수: $2×5＝10$

06 두 수의 공약수는 두 수의 최대공약수의 약수와 같으므로 8의 약수를 구합니다.
➾ 공약수: 1, 2, 4, 8

07 $3\overline{)\,6\quad 9\,}$
$\quad\;\, 2\quad 3$
➾ 최대공약수: 3
따라서 최대 3명의 학생에게 나누어 줄 수 있습니다.

08 $12＝2×2×3$
$14＝2×7$
➾ 최소공배수: $2×2×3×7＝84$

09 15와 30의 최소공배수: $3×5×1×2＝30$

10 두 수의 공배수는 두 수의 최소공배수의 배수와 같으므로 20의 배수를 구합니다.
➾ 공배수: 20, 40, 60, …

11 $2\overline{)\,4\quad 6\,}$
$\quad\;\, 2\quad 3$
➾ 최소공배수: $2×2×3＝12$
따라서 바로 다음번에 두 사람이 함께 운동을 하는 날은 12일 후입니다.

12 (1) 143 ➾ $1＋4＋3＝8$
268 ➾ $2＋6＋8＝16$
957 ➾ $9＋5＋7＝21$ (3의 배수)
(2) 491 ➾ 일의 자리 숫자가 1
683 ➾ 일의 자리 숫자가 3
725 ➾ 일의 자리 숫자가 5 (5의 배수)
(3) 392 ➾ $3＋9＋2＝14$
576 ➾ $5＋7＋6＝18$ (9의 배수)
814 ➾ $8＋1＋4＝13$

13 $11－3＝8$과 $15－3＝12$가 어떤 수로 나누어떨어지므로 어떤 수는 8과 12의 공약수입니다. 어떤 수 중 가장 큰 수는 최대공약수이므로 4입니다.

14 (어떤 수)－1이 4와 5로 나누어떨어지므로 (어떤 수)－1은 4와 5의 공배수입니다.
4와 5의 최소공배수는 20이고, 어떤 수 중 가장 작은 수는 20보다 1만큼 더 큰 수인 21입니다.

개념 돌파 전략 2   12~13쪽

01 ( )( )(○)   02 60
03   04 >

05 15개   06 120 cm

01 $16 \div 3 = 5 \cdots 1$ ⇨ 3은 16의 약수가 아닙니다.
$30 \div 4 = 7 \cdots 2$ ⇨ 4는 30의 약수가 아닙니다.
$56 \div 7 = 8$ ⇨ 7은 56의 약수입니다.

02 $4 \times 1 = 4$, $4 \times 2 = 8$, $4 \times 3 = 12$, $4 \times 4 = 16$,
$4 \times 5 = 20$, …이므로 4의 배수입니다.
따라서 15째 수는 $4 \times 15 = 60$입니다.

03
$$\begin{array}{r} 2\,)\underline{16\quad 20} \\ 2\,)\underline{8\quad 10} \\ 4\quad 5 \end{array}$$
⇨ 최대공약수: $2 \times 2 = 4$
$$\begin{array}{r} 3\,)\underline{27\quad 45} \\ 3\,)\underline{9\quad 15} \\ 3\quad 5 \end{array}$$
⇨ 최대공약수: $3 \times 3 = 9$

04
$$\begin{array}{r} 2\,)\underline{8\quad 20} \\ 2\,)\underline{4\quad 10} \\ 2\quad 5 \end{array}$$
⇨ 최소공배수: $2 \times 2 \times 2 \times 5 = 40$
$$\begin{array}{r} 2\,)\underline{12\quad 18} \\ 3\,)\underline{6\quad 9} \\ 2\quad 3 \end{array}$$
⇨ 최소공배수: $2 \times 3 \times 2 \times 3 = 36$
따라서 최소공배수의 크기를 비교하면
$40 > 36$입니다.

05 최대한 나누어 담을 수 있는 봉지의 수는 45와
60의 최대공약수입니다.
$$\begin{array}{r} 3\,)\underline{45\quad 60} \\ 5\,)\underline{15\quad 20} \\ 3\quad 4 \end{array}$$
⇨ 최대공약수: $3 \times 5 = 15$
따라서 최대 15개의 봉지에 나누어 담을 수 있습니다.

06 가장 작은 정사각형의 한 변의 길이는 24와
30의 최소공배수입니다.
$$\begin{array}{r} 2\,)\underline{24\quad 30} \\ 3\,)\underline{12\quad 15} \\ 4\quad 5 \end{array}$$
⇨ 최소공배수: $2 \times 3 \times 4 \times 5 = 120$
따라서 정사각형의 한 변의 길이를 120 cm로
해야 합니다.

1주 2일

필수 체크 전략 1   14~17쪽

1-1 3가지	1-2 4가지
2-1 5번	2-2 5번
3-1 14 cm	3-2 15 cm
4-1 6개	4-2 5개
5-1 288	5-2 525
6-1 0, 9	6-2 2, 8
7-1 89	7-2 143
8-1 5, 15	8-2 7, 14

1-1 36의 약수는 1, 2, 3, 4, 6, 9, 12, 18, 36이고 이 중에서 10보다 큰 수는 12, 18, 36입니다.
따라서 12명, 18명, 36명에게 나누어 줄 수 있으므로 모두 3가지입니다.

1-2 48의 약수는 1, 2, 3, 4, 6, 8, 12, 16, 24, 48이고 이 중에서 10보다 큰 수는 12, 16, 24, 48입니다.
따라서 12명, 16명, 24명, 48명에게 나누어 줄 수 있으므로 모두 4가지입니다.

2-1 13의 배수는 13, 26, 39, 52이므로 출발 시각은 오전 9시, 오전 9시 13분, 오전 9시 26분, 오전 9시 39분, 오전 9시 52분으로 모두 5번 출발합니다.

2-2 14의 배수는 14, 28, 42, 56이므로 출발 시각은 오전 10시, 오전 10시 14분, 오전 10시 28분, 오전 10시 42분, 오전 10시 56분으로 모두 5번 출발합니다.

3-1
$$2\,)\,\underline{28 \quad 70}$$
$$7\,)\,\underline{14 \quad 35}$$
$$\qquad 2 \quad 5 \quad \Rightarrow \text{최대공약수: } 2\times7=14$$
따라서 정사각형의 한 변의 길이를 14 cm로 해야 합니다.

3-2
$$3\,)\,\underline{45 \quad 75}$$
$$5\,)\,\underline{15 \quad 25}$$
$$\qquad 3 \quad 5 \quad \Rightarrow \text{최대공약수: } 3\times5=15$$
따라서 정사각형의 한 변의 길이를 15 cm로 해야 합니다.

4-1 3의 배수이면서 5의 배수인 수는 3과 5의 공배수입니다.
3과 5의 공배수는 3과 5의 최소공배수인 15의 배수와 같습니다.
15의 배수의 개수: $100 \div 15 = 6 \cdots 10 \Rightarrow 6$개

4-2 6의 배수이면서 9의 배수인 수는 6과 9의 공배수입니다.
6과 9의 공배수는 6과 9의 최소공배수인 18의 배수와 같습니다.
18의 배수의 개수: $100 \div 18 = 5 \cdots 10 \Rightarrow 5$개

5-1
$$3\,)\,\underline{9 \quad 12}$$
$$\qquad 3 \quad 4 \quad \Rightarrow \text{최소공배수: } 3\times3\times4=36$$
$36\times8=288$, $36\times9=324$ 중에서 300에 더 가까운 수는 288입니다.

5-2
$$5\,)\,\underline{15 \quad 25}$$
$$\qquad 3 \quad 5 \quad \Rightarrow \text{최소공배수: } 5\times3\times5=75$$
$75\times6=450$, $75\times7=525$ 중에서 500에 더 가까운 수는 525입니다.

6-1 9의 배수는 각 자리 숫자의 합이 9의 배수여야 합니다.
$8+4+6+\square=18+\square$이므로 $(18+\square)$가 9의 배수여야 합니다.
$\square=0$일 때 $18+0=18$,
$\square=9$일 때 $18+9=27$로
9의 배수가 되므로 $\square$ 안에 들어갈 수 있는 숫자는 0, 9입니다.

6-2 6의 배수는 각 자리 숫자의 합이 3의 배수이면서 짝수여야 합니다. $379\square$는 짝수이므로 $\square$ 안에는 0, 2, 4, 6, 8이 들어갈 수 있습니다.
$3+7+9+\square=19+\square$이므로 $(19+\square)$가 3의 배수여야 합니다.
$\square=2$일 때 $19+2=21$,
$\square=8$일 때 $19+8=27$로
3의 배수가 되므로 $\square$ 안에 들어갈 수 있는 숫자는 2, 8입니다.

7-1 어떤 수는 5로 나누어떨어지기에도 1이 모자라고 6으로 나누어떨어지기에도 1이 모자랍니다. 어떤 수를 □라 하면 (□+1)은 5와 6의 공배수입니다.

□+1=30, 60, 90, 120, ...이므로
□=29, 59, 89, 119, ...이고 이 중에서 100에 가장 가까운 수는 89입니다.

7-2 어떤 수는 4로 나누어떨어지기에도 1이 모자라고 9로 나누어떨어지기에도 1이 모자랍니다. 어떤 수를 □라 하면 (□+1)은 4와 9의 공배수입니다.

□+1=36, 72, 108, 144, 180, ...이므로
□=35, 71, 107, 143, 179, ...이고 이 중에서 150에 가장 가까운 수는 143입니다.

8-1 48−3=45와 79−4=75는 어떤 수로 나누어떨어집니다. 어떤 수는 45와 75의 공약수입니다.

$3\,\overline{)\,45\quad75}$
$5\,\overline{)\,15\quad25}$
$\qquad3\quad\ 5$ ⇨ 최대공약수: 3×5=15

15의 약수는 1, 3, 5, 15이고 이 중에서 나머지 3과 4보다 큰 수는 5, 15입니다.

8-2 75−5=70과 104−6=98은 어떤 수로 나누어떨어집니다. 어떤 수는 70과 98의 공약수입니다.

$2\,\overline{)\,70\quad98}$
$7\,\overline{)\,35\quad49}$
$\qquad5\quad\ 7$ ⇨ 최대공약수: 2×7=14

14의 약수는 1, 2, 7, 14이고 이 중에서 나머지 5와 6보다 큰 수는 7, 14입니다.

01 3가지	**02** 6시 35분
03 20개	**04** 13개
05 3개	**06** 6732
07 119	**08** 7, 21

BOOK 1

01
$3\,\overline{)\,60\quad75}$
$5\,\overline{)\,20\quad25}$
$\qquad4\quad\ 5$ ⇨ 최대공약수: 3×5=15

60과 75의 공약수는 최대공약수인 15의 약수와 같으므로 1, 3, 5, 15입니다.
따라서 수박과 참외를 상자 3개, 5개, 15개에 나누어 담을 수 있으므로 모두 3가지입니다.

02 오전 6시 5분에 첫 번째 기차가 출발했으므로 네 번째 기차는 10×(4−1)=10×3=30(분) 후에 출발합니다.
⇨ 오전 6시 5분+30분=오전 6시 35분

03
$2\,\overline{)\,24\quad30}$
$3\,\overline{)\,12\quad15}$
$\qquad4\quad\ 5$ ⇨ 최대공약수: 2×3=6

정사각형의 한 변의 길이: 6 cm
가로로 24÷6=4(개), 세로로 30÷6=5(개)씩 모두 4×5=20(개)의 정사각형을 만들 수 있습니다.

04 3의 배수이면서 4의 배수인 수는 3과 4의 공배수입니다.
3과 4의 공배수는 3과 4의 최소공배수인 12의 배수와 같습니다.
1부터 300까지의 12의 배수의 개수:
300÷12=25 ⇨ 25개
1부터 150까지의 12의 배수의 개수:
150÷12=12...6 ⇨ 12개
따라서 모두 25−12=13(개)입니다.

05 15와 20으로 나누어떨어지는 수는 15와 20의
공배수입니다.

$$5\,)\,\underline{15\quad 20}$$
$$3\quad\ 4 \ \Rightarrow \ \text{최소공배수: } 5\times3\times4=60$$

15와 20의 최소공배수인 60의 배수 중에서
100보다 크고 300보다 작은 수는 120, 180,
240이므로 모두 3개입니다.

06 3720 ⇨ 20은 4의 배수

6732 ⇨ 32는 4의 배수

4의 배수는 3720, 6732입니다.

3720 ⇨ 3+7+2+0=12

6732 ⇨ 6+7+3+2=18 (9의 배수)

9의 배수는 6732입니다.

따라서 4의 배수도 되고 9의 배수도 되는 수는
6732입니다.

07 ■는 5로 나누어떨어지기에도 1이 모자라고
8로 나누어떨어지기에도 1이 모자랍니다.

(■+1)은 5와 8의 공배수입니다.

■+1=40, 80, 120, 160, ...이므로

■=39, 79, 119, 159, ...이고

이 중에서 가장 작은 세 자리 수는 119입니다.

08 65−2=63과 87−3=84는 어떤 수로 나누어
떨어집니다. 어떤 수는 63과 84의 공약수입니다.

$$3\,)\,\underline{63\quad 84}$$
$$7\,)\,\underline{21\quad 28}$$
$$3\quad\ 4 \ \Rightarrow \ \text{최대공약수: } 3\times7=21$$

21의 약수는 1, 3, 7, 21이고 이 중에서 나머지
2와 3보다 큰 수는 7, 21입니다.

1주 3일

필수 체크 전략 1   20~23쪽

1-1 ㉠	1-2 ㉡
2-1 5개	2-2 4개
3-1 47개	3-2 36개
4-1 3개	4-2 3개
5-1 2개, 3개	5-2 4개, 5개
6-1 0	6-2 8
7-1 25	7-2 88
8-1 34	8-2 36

1-1 두 수의 공약수는 두 수의 최대공약수의 약수와
같으므로 최대공약수의 약수의 개수를 구합니다.

㉠ 24의 약수: 1, 2, 3, 4, 6, 8, 12, 24 ⇨ 8개

㉡ 52의 약수: 1, 2, 4, 13, 26, 52 ⇨ 6개

따라서 공약수의 개수가 더 많은 것은 ㉠입니다.

1-2 두 수의 공약수는 두 수의 최대공약수의 약수와
같으므로 최대공약수의 약수의 개수를 구합니다.

㉠ 48의 약수: 1, 2, 3, 4, 6, 8, 12, 16, 24,
48 ⇨ 10개

㉡ 90의 약수: 1, 2, 3, 5, 6, 9, 10, 15, 18,
30, 45, 90 ⇨ 12개

따라서 공약수의 개수가 더 많은 것은 ㉡입니다.

2-1 □가 20의 약수일 때: 1, 2, 4, 5, 10, 20

□가 20의 배수일 때: 20, 40, 60, 80, 100, ...

따라서 □ 안에 들어갈 수 있는 두 자리 수는
10, 20, 40, 60, 80이므로 모두 5개입니다.

2-2 □가 32의 약수일 때: 1, 2, 4, 8, 16, 32

□가 32의 배수일 때: 32, 64, 96, 128, ...

따라서 □ 안에 들어갈 수 있는 두 자리 수는
16, 32, 64, 96이므로 모두 4개입니다.

3-1 3의 배수의 개수: $100 \div 3 = 33 \cdots 1 \Rightarrow$ 33개

5의 배수의 개수: $100 \div 5 = 20 \Rightarrow$ 20개

3과 5의 최소공배수인 15의 배수의 개수:

$100 \div 15 = 6 \cdots 10 \Rightarrow$ 6개

따라서 모두 $33 + 20 - 6 = 47$(개)입니다.

3-2 4의 배수의 개수: $100 \div 4 = 25 \Rightarrow$ 25개

7의 배수의 개수: $100 \div 7 = 14 \cdots 2 \Rightarrow$ 14개

4와 7의 최소공배수인 28의 배수의 개수:

$100 \div 28 = 3 \cdots 16 \Rightarrow$ 3개

따라서 모두 $25 + 14 - 3 = 36$(개)입니다.

4-1 10과 15로 나누어떨어지는 수는 10과 15의 공배수입니다.

$$5) \overline{ 10 \quad 15}$$
$$ 2 \quad\; 3 \Rightarrow \text{최소공배수: } 5 \times 2 \times 3 = 30$$

10과 15의 최소공배수인 30의 배수 중에서 100과 200 사이의 수는 120, 150, 180이므로 모두 3개입니다.

4-2 12와 18로 나누어떨어지는 수는 12와 18의 공배수입니다.

$$2) \overline{ 12 \quad 18}$$
$$3) \overline{ 6 \quad\; 9}$$
$$ 2 \quad 3 \Rightarrow \text{최소공배수: } 2 \times 3 \times 2 \times 3 = 36$$

12와 18의 최소공배수인 36의 배수 중에서 100과 200 사이의 수는 108, 144, 180이므로 모두 3개입니다.

5-1
$$3) \overline{ 30 \quad 45}$$
$$5) \overline{ 10 \quad 15}$$
$$ 2 \quad\; 3 \Rightarrow \text{최대공약수: } 3 \times 5 = 15$$

따라서 최대 15명에게 나누어 줄 수 있으므로 한 사람이 가위를 $30 \div 15 = 2$(개),

풀을 $45 \div 15 = 3$(개)씩 받을 수 있습니다.

5-2
$$2) \overline{ 56 \quad 70}$$
$$7) \overline{ 28 \quad 35}$$
$$ 4 \quad\; 5 \Rightarrow \text{최대공약수: } 2 \times 7 = 14$$

따라서 최대 14명에게 나누어 줄 수 있으므로 한 사람이 우유를 $56 \div 14 = 4$(개),

빵을 $70 \div 14 = 5$(개)씩 받을 수 있습니다.

6-1 873□가 5의 배수이므로 □ 안에는 0 또는 5가 들어갈 수 있습니다.

□=0일 때 $8+7+3+0 = 18$이므로 9의 배수입니다.

□=5일 때 $8+7+3+5 = 23$이므로 9의 배수가 아닙니다.

따라서 □ 안에 알맞은 숫자는 0입니다.

6-2 352□가 4의 배수이므로 오른쪽 끝 두 자리 수 2□가 4의 배수여야 하므로 □ 안에는 0, 4, 8이 들어갈 수 있습니다.

□=0일 때 $3+5+2+0 = 10$이므로 9의 배수가 아닙니다.

□=4일 때 $3+5+2+4 = 14$이므로 9의 배수가 아닙니다.

□=8일 때 $3+5+2+8 = 18$이므로 9의 배수입니다.

따라서 □ 안에 알맞은 숫자는 8입니다.

7-1
$$5) \overline{ 40 \quad (\text{어떤 수})}$$
$$ 8 \quad\quad □$$

최소공배수는 $5 \times 8 \times □ = 200$이므로

$40 \times □ = 200$, $□ = 5$입니다.

따라서 어떤 수는 $5 \times 5 = 25$입니다.

7-2
$$11) \overline{ 55 \quad (\text{어떤 수})}$$
$$ 5 \quad\quad □$$

최소공배수는 $11 \times 5 \times □ = 440$이므로

$55 \times □ = 440$, $□ = 8$입니다.

따라서 어떤 수는 $11 \times 8 = 88$입니다.

8-1 4로 나누면 2가 남으므로 4의 배수보다 2만큼 더 큰 수 또는 4의 배수보다 2만큼 더 작은 수입니다.

9로 나누면 7이 남으므로 9의 배수보다 7만큼 더 큰 수 또는 9의 배수보다 2만큼 더 작은 수입니다.

어떤 수가 될 수 있는 수는 4와 9의 공배수보다 2만큼 더 작은 수이고 이 중에서 가장 작은 수는 4와 9의 최소공배수인 36보다 2만큼 더 작은 수입니다.

따라서 가장 작은 수는 $36-2=34$입니다.

8-2 5로 나누면 1이 남으므로 5의 배수보다 1만큼 더 큰 수 또는 5의 배수보다 4만큼 더 작은 수입니다.

8로 나누면 4가 남으므로 8의 배수보다 4만큼 더 큰 수 또는 8의 배수보다 4만큼 더 작은 수입니다.

어떤 수가 될 수 있는 수는 5와 8의 공배수보다 4만큼 더 작은 수이고 이 중에서 가장 작은 수는 5와 8의 최소공배수인 40보다 4만큼 더 작은 수입니다.

따라서 가장 작은 수는 $40-4=36$입니다.

필수 체크 전략 2 24~25쪽

01 ㉡	**02** 2, 8, 48, 120
03 49	**04** 3바퀴
05 5개, 7개	**06** 10개
07 21, 49	**08** 32

01 ㉠
$$2\,)\,\underline{28\ \ 70}$$
$$7\,)\,\underline{14\ \ 35}$$
$$\quad\ 2\quad 5 \Rightarrow \text{최대공약수: } 2\times7=14$$

㉡
$$3\,)\,\underline{45\ \ 75}$$
$$5\,)\,\underline{15\ \ 25}$$
$$\quad\ 3\quad 5 \Rightarrow \text{최대공약수: } 3\times5=15$$

따라서 $14<15$이므로 ㉠<㉡입니다.

02 $24\div2=12$, $24\div8=3$, $24\div9=2\cdots6$, $24\div16=1\cdots8$
⇨ 24의 약수는 2와 8입니다.
$24\times2=48$, $24\times3=72$, $24\times4=96$, $24\times5=120$
⇨ 24의 배수는 48과 120입니다.
따라서 24와 약수 또는 배수의 관계인 수는 2, 8, 48, 120입니다.

03 (어떤 수)-4는 9와 15의 공배수입니다.
$$3\,)\,\underline{9\ \ 15}$$
$$\quad\ 3\quad 5 \Rightarrow \text{최소공배수: } 3\times3\times5=45$$
따라서 어떤 수가 될 수 있는 수 중에서 가장 작은 수는 $45+4=49$입니다.

04 30과 45의 공배수만큼 톱니가 맞물려 돌아갔을 때마다 처음 맞물렸던 곳에서 다시 맞물리게 됩니다.
$$3\,)\,\underline{30\ \ 45}$$
$$5\,)\,\underline{10\ \ 15}$$
$$\quad\ 2\quad 3 \Rightarrow \text{최소공배수: } 3\times5\times2\times3=90$$
따라서 톱니바퀴 ㉮는 최소한 $90\div30=3$(바퀴) 돌아야 합니다.

05 (나누어 준 구슬의 수)$=52-2=50$(개),
(나누어 준 사탕의 수)$=75-5=70$(개)
$$2\,)\,\underline{50\ \ 70}$$
$$5\,)\,\underline{25\ \ 35}$$
$$\quad\ 5\quad 7 \Rightarrow \text{최대공약수: } 2\times5=10$$
따라서 10명에게 나누어 준 것이므로 한 사람이 구슬을 $50\div10=5$(개), 사탕을 $70\div10=7$(개)씩 받았습니다.

06 일의 자리 숫자가 0인 5의 배수:
250, 270, 520, 570, 720, 750 ⇨ 6개
일의 자리 숫자가 5인 5의 배수:
205, 275, 705, 725 ⇨ 4개
따라서 만들 수 있는 5의 배수는 모두
$6+4=10$(개)입니다.

07

$$7 \overline{)\;㉮\quad㉯\;}$$
$$\overline{㉠\quad㉡}$$

최소공배수: $7×㉠×㉡=147$이므로
$㉠×㉡=21$입니다.
$㉠=1$, $㉡=21$ 또는 $㉠=3$, $㉡=7$입니다.
$㉠=1$, $㉡=21$이면 두 수는 $7×1=7$,
$7×21=147$이고 두 수의 합은
$7+147=154$이므로 조건에 맞지 않습니다.
$㉠=3$, $㉡=7$이면 두 수는 $7×3=21$,
$7×7=49$이고 두 수의 합은
$21+49=70$이므로 조건에 맞습니다.
따라서 두 수는 21과 49입니다.

08 5로 나누면 2가 남으므로 5의 배수보다 2만큼
더 큰 수 또는 5의 배수보다 3만큼 더 작은 수입
니다.
7로 나누면 4가 남으므로 7의 배수보다 4만큼
더 큰 수 또는 7의 배수보다 3만큼 더 작은 수입
니다.
■가 될 수 있는 수는 5와 7의 공배수보다 3만큼
더 작은 수이고 이 중에서 가장 작은 수는 5와
7의 최소공배수인 35보다 3만큼 더 작은 수입니
다.
따라서 가장 작은 수는 $35-3=32$입니다.

01 8개	**02** ㉢
03 22개	**04** 15개
05 ㉠	**06** 180
07 294	**08** 5월 25일
09 5번	**10** ㉠, ㉢

01 78이 □의 배수이므로 □는 78의 약수입니다.
78의 약수는 1, 2, 3, 6, 13, 26, 39, 78이므로
모두 8개입니다.

02 큰 수를 작은 수로 나누었을 때 나누어떨어지는
것을 찾습니다.
㉠ $21÷2=10\cdots1$, ㉡ $38÷4=9\cdots2$,
㉢ $56÷7=8$, ㉣ $70÷9=7\cdots7$
⇨ 두 수가 서로 약수와 배수의 관계인 것은 ㉢
입니다.

03 12의 배수의 개수: $200÷12=16\cdots8$ ⇨ 16개
18의 배수의 개수: $200÷18=11\cdots2$ ⇨ 11개
12와 18의 최소공배수인 36의 배수의 개수:
$200÷36=5\cdots20$ ⇨ 5개
따라서 모두 $16+11-5=22$(개)입니다.

04 최대한 나누어 담을 수 있는 봉지의 수는 60과
75의 최대공약수입니다.

$$3 \overline{)\;60\quad75\;}$$
$$5 \overline{)\;20\quad25\;}$$
$$4\quad\;\;5\; ⇨\; 최대공약수: 3×5=15$$

따라서 최대 15개의 봉지에 나누어 담을 수 있습
니다.

05 두 수의 공약수는 두 수의 최대공약수의 약수와
같으므로 최대공약수의 약수의 개수를 구합니다.
㉠ 18의 약수: 1, 2, 3, 6, 9, 18 ⇨ 6개
㉡ 25의 약수: 1, 5, 25 ⇨ 3개
㉢ 34의 약수: 1, 2, 17, 34 ⇨ 4개
따라서 공약수의 개수가 가장 많은 것은 ㉠입니
다.

06
$$
\begin{array}{r|cc}
2 & 12 & 20 \\
\hline
2 & 6 & 10 \\
\hline
& 3 & 5
\end{array}
$$
⇨ 최소공배수: $2 \times 2 \times 3 \times 5 = 60$

$$
\begin{array}{r|cc}
3 & 60 & 45 \\
\hline
5 & 20 & 15 \\
\hline
& 4 & 3
\end{array}
$$
⇨ 최소공배수: $3 \times 5 \times 4 \times 3 = 180$

07
$$
\begin{array}{r|cc}
7 & 14 & 21 \\
\hline
& 2 & 3
\end{array}
$$
⇨ 최소공배수: $7 \times 2 \times 3 = 42$

$42 \times 7 = 294$, $42 \times 8 = 336$ 중에서 300에 더 가까운 수는 294입니다.

08 두 사람은 6과 8의 공배수인 날마다 함께 수영장을 갑니다.
$$
\begin{array}{r|cc}
2 & 6 & 8 \\
\hline
& 3 & 4
\end{array}
$$
⇨ 최소공배수: $2 \times 3 \times 4 = 24$

따라서 바로 다음번에 두 사람이 함께 수영장을 가는 날은 5월 1일에서 24일 후이므로 5월 25일입니다.

09 검은 바둑돌을 지후는 2개마다 놓았고 연서는 3개마다 놓았으므로 2와 3의 공배수인 자리에 검은 바둑돌이 나란히 놓입니다.
2와 3의 최소공배수는 6이고, 1부터 30까지의 수 중에서 6의 배수의 개수는 $30 \div 6 = 5$(개)이므로 검은 바둑돌이 나란히 놓이는 경우는 모두 5번 있습니다.

10 ㉠ $7+2+4+3+5=21$이므로 3의 배수입니다.
㉡ 35는 4의 배수가 아닙니다.
㉢ 일의 자리 숫자가 5이므로 5의 배수입니다.
㉣ $7+2+4+3+5=21$은 9의 배수가 아닙니다.

창의·융합·코딩 전략	28~31쪽

01 8개
02 (1) 아닙니다에 ○표 (2) 맞습니다에 ○표
03 (1) 60년 (2) 2204년
04 420년
05 0, 2, 4, 6, 8
06 (1) 1, 5 ; 1, 2, 4, 8 ; 1, 3, 9 ; 1, 2, 4, 8, 16
(2) 라

01 손뼉을 치면서 발을 구르는 수는 3과 4의 공배수입니다.
3과 4의 최소공배수: 12
12의 배수의 개수: $100 \div 12 = 8 \cdots 4$ ⇨ 8개

02 (1) 325479의 각 자리 숫자의 합은
$3+2+5+4+7+9=30$이고
$30 \div 9 = 3 \cdots 3$이므로 325479는 9의 배수가 아닙니다.
(2) 98106534의 각 자리 숫자의 합은
$9+8+1+0+6+5+3+4=36$이고
$36 \div 9 = 4$이므로 98106534는 9의 배수가 맞습니다.

03 (1) 십간은 10년마다 반복되고, 십이지는 12년마다 반복되므로 계묘년은 10과 12의 공배수마다 반복됩니다.
$$
\begin{array}{r|cc}
2 & 10 & 12 \\
\hline
& 5 & 6
\end{array}
$$
⇨ 최소공배수: $2 \times 5 \times 6 = 60$
따라서 바로 다음번에 계묘년이 되는 해는 60년 후입니다.
(2) 같은 이름의 해는 60년마다 반복되므로 2024년의 $60 \times 3 = 180$(년) 후인 $2024 + 180 = 2204$(년)입니다.

04 태양, 토성, 천왕성이 바로 다음번에 일직선에 놓이게 되는 것은 토성의 공전주기인 30과 천왕성의 공전주기인 84의 최소공배수입니다.

$$\begin{array}{r|ll} 2 & 30 & 84 \\ \hline 3 & 15 & 42 \\ \hline & 5 & 14 \end{array}$$

⇨ 최소공배수: $2 \times 3 \times 5 \times 14 = 420$

따라서 바로 다음번에 일직선에 놓이게 될 때까지 약 420년 걸립니다.

05 4의 배수는 오른쪽 끝 두 자리 수가 00이거나 4의 배수여야 합니다.

- □0이 00일 때: □ 안에 0이 들어갈 수 있습니다.
- □0이 4의 배수일 때: 20, 40, 60, 80이므로 □ 안에 2, 4, 6, 8이 들어갈 수 있습니다.

따라서 □ 안에 들어갈 수 있는 숫자는 0, 2, 4, 6, 8입니다.

06 (1) 겹쳐진 부분에 들어갈 수는 두 수의 공약수입니다.

두 수의 공약수는 두 수의 최대공약수의 약수와 같습니다.

가: 15와 20의 최대공약수는 5입니다.
⇨ 5의 약수: 1, 5

나: 16과 24의 최대공약수는 8입니다.
⇨ 8의 약수: 1, 2, 4, 8

다: 27과 45의 최대공약수는 9입니다.
⇨ 9의 약수: 1, 3, 9

라: 32와 48의 최대공약수는 16입니다.
⇨ 16의 약수: 1, 2, 4, 8, 16

(2) 가: 2개, 나: 4개, 다: 3개, 라: 5개
따라서 **라**의 겹쳐진 부분에 들어갈 수가 가장 많습니다.

개념 돌파 전략 1 | 확인 문제 **34~37쪽**

01 (1) 10, 21, 20 (2) 9, 10, 3
02 (1) 8 (2) 12 **03** (1) 2 (2) 4
04 (1) 3, 2, 18, 18 (2) 5, 2, 40, 40
05 14, $<$, 14, $<$ **06** 4, 0.4, $>$, $>$
07 (1) 7, 9, 28, 18, 46 (2) 6, 15, 21, 1, 1
08 (1) 8, 3, 8, 3, 11, 11
　　(2) 9, 11, 27, 55, 82, 5, 7
09 (1) 9, 7, 54, 35, 19 (2) 2, 5, 18, 5, 13
10 (1) 8, 5, 8, 5, 3, 3 (2) 23, 13, 69, 26, 43, 3, 7

01 (1) $\dfrac{5}{7} = \dfrac{5 \times 2}{7 \times 2} = \dfrac{10}{14}$, $\dfrac{5}{7} = \dfrac{5 \times 3}{7 \times 3} = \dfrac{15}{21}$,
$\dfrac{5}{7} = \dfrac{5 \times 4}{7 \times 4} = \dfrac{20}{28}$

(2) $\dfrac{18}{30} = \dfrac{18 \div 2}{30 \div 2} = \dfrac{9}{15}$, $\dfrac{18}{30} = \dfrac{18 \div 3}{30 \div 3} = \dfrac{6}{10}$,
$\dfrac{18}{30} = \dfrac{18 \div 6}{30 \div 6} = \dfrac{3}{5}$

02 (1) $\dfrac{16}{20} = \dfrac{16 \div 2}{20 \div 2} = \dfrac{8}{10}$

(2) $\dfrac{40}{48} = \dfrac{40 \div 4}{48 \div 4} = \dfrac{10}{12}$

03 (1) 분모와 분자를 6과 4의 최대공약수인 2로 나눕니다.

⇨ $\dfrac{4}{6} = \dfrac{4 \div 2}{6 \div 2} = \dfrac{2}{3}$

(2) 분모와 분자를 12와 9의 최대공약수인 3으로 나눕니다.

⇨ $\dfrac{9}{12} = \dfrac{9 \div 3}{12 \div 3} = \dfrac{3}{4}$

04 (1) $3\,)\,\underline{6\quad 9}$
$\qquad\quad 2\quad 3$

$\Rightarrow$ 최소공배수: $3\times2\times3=18$

(2) $2\,)\,\underline{8\quad 20}$
$\quad\;\, 2\,)\,\underline{4\quad 10}$
$\qquad\quad 2\quad 5$

$\Rightarrow$ 최소공배수: $2\times2\times2\times5=40$

05 두 분모의 곱인 $7\times3=21$을 공통분모로 하여 통분합니다.

06 $\dfrac{2}{5}=\dfrac{2\times2}{5\times2}=\dfrac{4}{10}=0.4$

07 (1) 9와 7의 곱을 공통분모로 하여 통분합니다.
(2) 10과 4의 최소공배수를 공통분모로 하여 통분합니다.

08 (1) 통분하여 자연수는 자연수끼리, 분수는 분수끼리 계산합니다.
(2) 대분수를 가분수로 나타내어 계산합니다.

09 (1) 7과 9의 곱을 공통분모로 하여 통분합니다.
(2) 10과 4의 최소공배수를 공통분모로 하여 통분합니다.

10 (1) 통분하여 자연수는 자연수끼리, 분수는 분수끼리 계산합니다.
(2) 대분수를 가분수로 나타내어 계산합니다.

개념 돌파 전략 2 38~39쪽

01 (교차 연결선)

02 $\dfrac{9}{30},\dfrac{14}{30}$

03 $\dfrac{2}{5},\dfrac{1}{2},\dfrac{7}{9}$

04 $>$

05 $7\dfrac{11}{15}$ km

06 $2\dfrac{13}{28}$

01 $\dfrac{32}{48}=\dfrac{32\div4}{48\div4}=\dfrac{8}{12}$, $\dfrac{35}{60}=\dfrac{35\div5}{60\div5}=\dfrac{7}{12}$

02 $5\,)\,\underline{10\quad 15}$
$\qquad\quad 2\quad 3$ $\Rightarrow$ 최소공배수: $5\times2\times3=30$

$\left(\dfrac{3}{10},\dfrac{7}{15}\right)\Rightarrow\left(\dfrac{3\times3}{10\times3},\dfrac{7\times2}{15\times2}\right)$

$\qquad\qquad\Rightarrow\left(\dfrac{9}{30},\dfrac{14}{30}\right)$

03 $\left(\dfrac{2}{5},\dfrac{1}{2}\right)\Rightarrow\left(\dfrac{4}{10},\dfrac{5}{10}\right)\Rightarrow\dfrac{2}{5}<\dfrac{1}{2}$

$\left(\dfrac{1}{2},\dfrac{7}{9}\right)\Rightarrow\left(\dfrac{9}{18},\dfrac{14}{18}\right)\Rightarrow\dfrac{1}{2}<\dfrac{7}{9}$

따라서 $\dfrac{2}{5},\dfrac{1}{2},\dfrac{7}{9}$입니다.

04 $\dfrac{1}{6}+\dfrac{3}{8}=\dfrac{4}{24}+\dfrac{9}{24}=\dfrac{13}{24}$,

$\dfrac{7}{8}-\dfrac{5}{12}=\dfrac{21}{24}-\dfrac{10}{24}=\dfrac{11}{24}$

$\Rightarrow\dfrac{13}{24}>\dfrac{11}{24}$

05 (민호네 집에서 박물관까지의 거리)
= (전철을 타고 간 거리) + (버스를 타고 간 거리)
$=4\dfrac{1}{3}+3\dfrac{2}{5}=4\dfrac{5}{15}+3\dfrac{6}{15}=7\dfrac{11}{15}$ (km)

06 $3\dfrac{5}{7}>2\dfrac{3}{5}>1\dfrac{1}{4}$이므로 가장 큰 수는 $3\dfrac{5}{7}$이고

가장 작은 수는 $1\dfrac{1}{4}$입니다.

$\Rightarrow 3\dfrac{5}{7}-1\dfrac{1}{4}=3\dfrac{20}{28}-1\dfrac{7}{28}=2\dfrac{13}{28}$

필수 체크 전략 1　　　40～43쪽

1-1 $\frac{4}{15}$, $\frac{5}{9}$	1-2 $\frac{7}{18}$, $\frac{13}{24}$
2-1 $\frac{28}{49}$	2-2 $\frac{40}{64}$
3-1 $\frac{40}{72}$	3-2 $\frac{63}{108}$
4-1 1, 2, 3, 4, 5, 6	4-2 1, 2, 3, 4
5-1 6	5-2 5
6-1 $8\frac{32}{35}$	6-2 $7\frac{29}{36}$
7-1 8일	7-2 6일
8-1 예 $\frac{1}{2}+\frac{1}{6}+\frac{1}{18}$	8-2 예 $\frac{1}{5}+\frac{1}{10}+\frac{1}{15}$

1-1 $\frac{12}{45}$와 $\frac{25}{45}$를 각각 기약분수로 나타냅니다.

$\Rightarrow \frac{12}{45}=\frac{12\div3}{45\div3}=\frac{4}{15}$, $\frac{25}{45}=\frac{25\div5}{45\div5}=\frac{5}{9}$

1-2 $\frac{28}{72}$과 $\frac{39}{72}$를 각각 기약분수로 나타냅니다.

$\Rightarrow \frac{28}{72}=\frac{28\div4}{72\div4}=\frac{7}{18}$, $\frac{39}{72}=\frac{39\div3}{72\div3}=\frac{13}{24}$

2-1 분모 35에 어떤 자연수를 곱해도 49가 될 수 없으므로 $\frac{20}{35}$을 먼저 기약분수로 나타냅니다.

$\Rightarrow \frac{20}{35}=\frac{20\div5}{35\div5}=\frac{4}{7}$ $\Rightarrow \frac{4}{7}=\frac{4\times7}{7\times7}=\frac{28}{49}$

2-2 분모 56에 어떤 자연수를 곱해도 64가 될 수 없으므로 $\frac{35}{56}$를 먼저 기약분수로 나타냅니다.

$\Rightarrow \frac{35}{56}=\frac{35\div7}{56\div7}=\frac{5}{8}$ $\Rightarrow \frac{5}{8}=\frac{5\times8}{8\times8}=\frac{40}{64}$

3-1 약분하기 전의 분수: $\frac{5\times\square}{9\times\square}$

(분모)−(분자)$=9\times\square-5\times\square=32$,

$4\times\square=32$, $\square=8$

$\Rightarrow \frac{5\times8}{9\times8}=\frac{40}{72}$

3-2 약분하기 전의 분수: $\frac{7\times\square}{12\times\square}$

(분모)−(분자)$=12\times\square-7\times\square=45$,

$5\times\square=45$, $\square=9$

$\Rightarrow \frac{7\times9}{12\times9}=\frac{63}{108}$

4-1 $\frac{\square}{8}=\frac{\square\times9}{8\times9}=\frac{\square\times9}{72}$, $\frac{7}{9}=\frac{7\times8}{9\times8}=\frac{56}{72}$

$\Rightarrow \frac{\square\times9}{72}=\frac{56}{72}$에서 $\square\times9<56$이므로 $\square$ 안에 들어갈 수 있는 자연수는 1, 2, 3, 4, 5, 6입니다.

4-2 $\frac{\square}{9}=\frac{\square\times11}{9\times11}=\frac{\square\times11}{99}$,

$\frac{6}{11}=\frac{6\times9}{11\times9}=\frac{54}{99}$

$\Rightarrow \frac{\square\times11}{99}<\frac{54}{99}$에서 $\square\times11<54$이므로 $\square$ 안에 들어갈 수 있는 자연수는 1, 2, 3, 4입니다.

5-1 $1\frac{1}{2}+4\frac{5}{7}=1\frac{7}{14}+4\frac{10}{14}=5\frac{17}{14}=6\frac{3}{14}$

따라서 $6\frac{3}{14}>\square$에서 $\square$ 안에 들어갈 수 있는 가장 큰 자연수는 6입니다.

5-2 $9\frac{1}{5}-3\frac{1}{4}=9\frac{4}{20}-3\frac{5}{20}=8\frac{24}{20}-3\frac{5}{20}$
$\qquad\qquad =5\frac{19}{20}$

따라서 $5\frac{19}{20}>\square$에서 $\square$ 안에 들어갈 수 있는 가장 큰 자연수는 5입니다.

BOOK 1

6-1 가장 큰 대분수: $7\frac{1}{5}$, 가장 작은 대분수: $1\frac{5}{7}$

$\Rightarrow 7\frac{1}{5}+1\frac{5}{7}=7\frac{7}{35}+1\frac{25}{35}=8\frac{32}{35}$

6-2 가장 큰 대분수: $9\frac{1}{4}$, 가장 작은 대분수: $1\frac{4}{9}$

$\Rightarrow 9\frac{1}{4}-1\frac{4}{9}=9\frac{9}{36}-1\frac{16}{36}=8\frac{45}{36}-1\frac{16}{36}$

$=7\frac{29}{36}$

7-1 하루 동안 두 사람이 함께 할 수 있는 일의 양은

전체의 $\frac{1}{12}+\frac{1}{24}=\frac{2}{24}+\frac{1}{24}=\frac{3}{24}=\frac{1}{8}$입니다.

$\Rightarrow \frac{1}{8}$이 8개이면 $\frac{8}{8}=1$이므로 일을 끝내는 데 8일이 걸립니다.

7-2 하루 동안 두 사람이 함께 할 수 있는 일의 양은

전체의 $\frac{1}{10}+\frac{1}{15}=\frac{3}{30}+\frac{2}{30}=\frac{5}{30}=\frac{1}{6}$입니다.

$\Rightarrow \frac{1}{6}$이 6개이면 $\frac{6}{6}=1$이므로 일을 끝내는 데 6일이 걸립니다.

8-1 18의 약수는 1, 2, 3, 6, 9, 18이고 이 중에서 세 수의 합이 13인 경우는 1+3+9=13입니다.

$\Rightarrow \frac{13}{18}=\frac{1}{18}+\frac{3}{18}+\frac{9}{18}=\frac{1}{18}+\frac{1}{6}+\frac{1}{2}$

8-2 30의 약수는 1, 2, 3, 5, 6, 10, 15, 30이고 이 중에서 세 수의 합이 11인 경우는 2+3+6=11입니다.

$\Rightarrow \frac{11}{30}=\frac{2}{30}+\frac{3}{30}+\frac{6}{30}=\frac{1}{15}+\frac{1}{10}+\frac{1}{5}$

필수 체크 전략 **2** · 44~45쪽

01 $\frac{19}{24}$ 　　　　**02** $\frac{35}{45}$

03 7, 8 　　　　**04** $\frac{96}{180}$, $\frac{117}{180}$

05 22개 　　　　**06** $7\frac{13}{20}$

07 6일 　　　　**08** $\frac{23}{24}$ kg

01 약분하기 전의 분수: $\frac{2\times8}{3\times8}=\frac{16}{24}$

분자에서 3을 빼기 전의 분수: $\frac{16+3}{24}\Rightarrow\frac{19}{24}$

따라서 어떤 분수는 $\frac{19}{24}$입니다.

02 $\frac{7}{9}$의 분모와 분자의 합은 9+7=16이고

16×5=80이므로 분모와 분자에 각각 5를 곱한 분수입니다.

$\Rightarrow \frac{7}{9}=\frac{7\times5}{9\times5}=\frac{35}{45}$

03 $\frac{3}{5}<\frac{\square}{10}\Rightarrow\frac{6}{10}<\frac{\square}{10}$에서 6<□이므로

□=7, 8, 9, ...입니다.

$\frac{\square}{10}<\frac{5}{6}\Rightarrow\frac{\square\times3}{30}<\frac{25}{30}$에서 3×□<25

이므로 □=1, 2, 3, 4, 5, 6, 7, 8입니다.

따라서 □ 안에 공통으로 들어갈 수 있는 자연수는 7, 8입니다.

04 $\begin{array}{r}5\,)\underline{15\quad 20}\\ 3\quad 4\end{array}$ $\Rightarrow$ 최소공배수: 5×3×4=60

60의 배수인 60, 120, 180, 240, ...이 공통분모가 될 수 있습니다.

이 중에서 150과 200 사이의 수는 180입니다.

$\Rightarrow \frac{8}{15}=\frac{8\times12}{15\times12}=\frac{96}{180}$,

$\frac{13}{20}=\frac{13\times9}{20\times9}=\frac{117}{180}$

05 $\dfrac{7}{9}-\dfrac{1}{2}=\dfrac{14}{18}-\dfrac{9}{18}=\dfrac{5}{18}$,

$\dfrac{3}{4}+\dfrac{1}{6}=\dfrac{9}{12}+\dfrac{2}{12}=\dfrac{11}{12}$

$\Rightarrow \dfrac{5}{18}<\dfrac{\square}{36}<\dfrac{11}{12} \Rightarrow \dfrac{10}{36}<\dfrac{\square}{36}<\dfrac{33}{36}$

따라서 $10<\square<33$이므로 $\square$ 안에 들어갈 수 있는 자연수는 11부터 32까지의 수입니다.

$\Rightarrow 32-11+1=22$(개)

06 가장 큰 수와 둘째로 큰 수를 찾아 두 수의 합을 구합니다.

$4\dfrac{2}{5}>3\dfrac{1}{4}>2\dfrac{7}{10}>1\dfrac{4}{9}$이므로 가장 큰 수는 $4\dfrac{2}{5}$이고 둘째로 큰 수는 $3\dfrac{1}{4}$입니다.

$\Rightarrow 4\dfrac{2}{5}+3\dfrac{1}{4}=4\dfrac{8}{20}+3\dfrac{5}{20}=7\dfrac{13}{20}$

07 하루 동안 지호가 할 수 있는 일의 양: 전체의 $\dfrac{1}{8}$

하루 동안 연서가 할 수 있는 일의 양: 전체의 $\dfrac{1}{24}$

하루 동안 두 사람이 함께 할 수 있는 일의 양은 전체의 $\dfrac{1}{8}+\dfrac{1}{24}=\dfrac{3}{24}+\dfrac{1}{24}=\dfrac{4}{24}=\dfrac{1}{6}$입니다.

$\Rightarrow \dfrac{1}{6}$이 6개이면 $\dfrac{6}{6}=1$이므로 일을 끝내는 데 6일이 걸립니다.

08 (복숭아의 무게의 반)

$=5\dfrac{7}{8}-3\dfrac{5}{12}=5\dfrac{21}{24}-3\dfrac{10}{24}=2\dfrac{11}{24}$ (kg)

(빈 바구니의 무게)

$=3\dfrac{5}{12}-2\dfrac{11}{24}=3\dfrac{10}{24}-2\dfrac{11}{24}$

$=2\dfrac{34}{24}-2\dfrac{11}{24}=\dfrac{23}{24}$ (kg)

2주 3일

필수 체크 전략 1　　46~49쪽

1-1 $\dfrac{57}{152}$	**1-2** $\dfrac{154}{198}$
2-1 0.8	**2-2** 0.625
3-1 $\dfrac{23}{36}$, $\dfrac{25}{36}$	**3-2** $\dfrac{29}{48}$, $\dfrac{31}{48}$
4-1 68	**4-2** 100
5-1 $\dfrac{67}{90}$ kg	**5-2** $\dfrac{21}{55}$ kg
6-1 $3\dfrac{2}{15}$	**6-2** $2\dfrac{9}{14}$
7-1 3시간 44분	**7-2** 3시간 57분
8-1 28쪽	**8-2** 25쪽

1-1 $8\times18=144$, $8\times19=152$이므로 150에 가장 가까운 수는 152입니다.

152는 분모에 19를 곱한 수이므로 분자에도 19를 곱합니다.

$\Rightarrow \dfrac{3}{8}=\dfrac{3\times19}{8\times19}=\dfrac{57}{152}$

1-2 $9\times22=198$, $9\times23=207$이므로 200에 가장 가까운 수는 198입니다.

198은 분모에 22를 곱한 수이므로 분자에도 22를 곱합니다.

$\Rightarrow \dfrac{7}{9}=\dfrac{7\times22}{9\times22}=\dfrac{154}{198}$

2-1 만들 수 있는 진분수: $\dfrac{3}{4}$, $\dfrac{3}{5}$, $\dfrac{4}{5}$

$\dfrac{3}{4}>\dfrac{3}{5}$, $\dfrac{3}{5}<\dfrac{4}{5}$, $\dfrac{3}{4}\left(=\dfrac{15}{20}\right)<\dfrac{4}{5}\left(=\dfrac{16}{20}\right)$

$\Rightarrow \dfrac{4}{5}>\dfrac{3}{4}>\dfrac{3}{5}$

따라서 가장 큰 수는 $\dfrac{4}{5}$이고 $\dfrac{4}{5}=\dfrac{8}{10}=0.8$입니다.

2-2 만들 수 있는 진분수: $\dfrac{3}{5}$, $\dfrac{3}{8}$, $\dfrac{5}{8}$

$\dfrac{3}{5}>\dfrac{3}{8}$, $\dfrac{3}{8}<\dfrac{5}{8}$, $\dfrac{3}{5}\left(=\dfrac{24}{40}\right)<\dfrac{5}{8}\left(=\dfrac{25}{40}\right)$

$\Rightarrow \dfrac{5}{8}>\dfrac{3}{5}>\dfrac{3}{8}$

따라서 가장 큰 수는 $\dfrac{5}{8}$이고

$\dfrac{5}{8}=\dfrac{625}{1000}=0.625$입니다.

3-1 $\left(\dfrac{7}{12},\ \dfrac{13}{18}\right)\Rightarrow\left(\dfrac{21}{36},\ \dfrac{26}{36}\right)$이므로 $\dfrac{21}{36}$과 $\dfrac{26}{36}$

사이의 분수 중에서 분모가 36인 분수는 $\dfrac{22}{36}$,

$\dfrac{23}{36}$, $\dfrac{24}{36}$, $\dfrac{25}{36}$입니다.

이 중에서 기약분수는 $\dfrac{23}{36}$, $\dfrac{25}{36}$입니다.

3-2 $\left(\dfrac{9}{16},\ \dfrac{17}{24}\right)\Rightarrow\left(\dfrac{27}{48},\ \dfrac{34}{48}\right)$이므로 $\dfrac{27}{48}$과 $\dfrac{34}{48}$

사이의 분수 중에서 분모가 48인 분수는 $\dfrac{28}{48}$,

$\dfrac{29}{48}$, $\dfrac{30}{48}$, $\dfrac{31}{48}$, $\dfrac{32}{48}$, $\dfrac{33}{48}$입니다.

이 중에서 기약분수는 $\dfrac{29}{48}$, $\dfrac{31}{48}$입니다.

4-1 분모에 더해야 하는 수를 □라 하면

$\dfrac{14}{17}=\dfrac{14+56}{17+\square}=\dfrac{70}{17+\square}$이고 $14\times5=70$이

므로 분모에 5를 곱해야 분수의 크기가 변하지 않습니다.

$\Rightarrow 17\times5=17+\square$, $85=17+\square$, $\square=68$

4-2 분모에 더해야 하는 수를 □라 하면

$\dfrac{13}{20}=\dfrac{13+65}{20+\square}=\dfrac{78}{20+\square}$이고 $13\times6=78$이

므로 분모에 6을 곱해야 분수의 크기가 변하지 않습니다.

$\Rightarrow 20\times6=20+\square$, $120=20+\square$, $\square=100$

5-1 $\dfrac{8}{9}=\dfrac{4}{9}+\dfrac{4}{9}$이므로 참외 1개의 무게는

$\dfrac{4}{9}$ kg입니다.

$\dfrac{9}{10}=\dfrac{3}{10}+\dfrac{3}{10}+\dfrac{3}{10}$이므로 감 1개의 무게는

$\dfrac{3}{10}$ kg입니다.

$\Rightarrow \dfrac{4}{9}+\dfrac{3}{10}=\dfrac{40}{90}+\dfrac{27}{90}=\dfrac{67}{90}$ (kg)

5-2 $\dfrac{3}{5}=\dfrac{1}{5}+\dfrac{1}{5}+\dfrac{1}{5}$이므로 키위 1개의 무게는

$\dfrac{1}{5}$ kg입니다.

$\dfrac{8}{11}=\dfrac{2}{11}+\dfrac{2}{11}+\dfrac{2}{11}+\dfrac{2}{11}$이므로 귤 1개의

무게는 $\dfrac{2}{11}$ kg입니다.

$\Rightarrow \dfrac{1}{5}+\dfrac{2}{11}=\dfrac{11}{55}+\dfrac{10}{55}=\dfrac{21}{55}$ (kg)

6-1 어떤 수를 □라 하면 $\square-\dfrac{2}{5}=2\dfrac{1}{3}$입니다.

$\Rightarrow \square=2\dfrac{1}{3}+\dfrac{2}{5}=2\dfrac{5}{15}+\dfrac{6}{15}=2\dfrac{11}{15}$

따라서 바르게 계산하면

$2\dfrac{11}{15}+\dfrac{2}{5}=2\dfrac{11}{15}+\dfrac{6}{15}=2\dfrac{17}{15}=3\dfrac{2}{15}$입니다.

6-2 어떤 수를 □라 하면 $\square+\dfrac{3}{7}=3\dfrac{1}{2}$입니다.

$\Rightarrow \square=3\dfrac{1}{2}-\dfrac{3}{7}=3\dfrac{7}{14}-\dfrac{6}{14}=3\dfrac{1}{14}$

따라서 바르게 계산하면

$3\dfrac{1}{14}-\dfrac{3}{7}=3\dfrac{1}{14}-\dfrac{6}{14}=2\dfrac{15}{14}-\dfrac{6}{14}=2\dfrac{9}{14}$

입니다.

7-1 (독서와 공부를 한 시간)

$$=1\frac{2}{5}+2\frac{1}{3}=1\frac{6}{15}+2\frac{5}{15}=3\frac{11}{15}$$

$$=3\frac{44}{60}(\text{시간})$$

$\Rightarrow 3\frac{44}{60}$시간$=3$시간 44분

7-2 (영화와 과학책을 본 시간)

$$=2\frac{3}{4}+1\frac{1}{5}=2\frac{15}{20}+1\frac{4}{20}=3\frac{19}{20}$$

$$=3\frac{57}{60}(\text{시간})$$

$\Rightarrow 3\frac{57}{60}$시간$=3$시간 57분

8-1 오늘까지 읽은 양은

전체의 $\frac{7}{10}+\frac{1}{15}=\frac{21}{30}+\frac{2}{30}=\frac{23}{30}$이므로 남은 부분은

전체의 $1-\frac{23}{30}=\frac{30}{30}-\frac{23}{30}=\frac{7}{30}$입니다.

$\Rightarrow \frac{7}{30}=\frac{7\times4}{30\times4}=\frac{28}{120}$이므로 남은 쪽수는 28쪽입니다.

8-2 오늘까지 읽은 양은

전체의 $\frac{7}{9}+\frac{1}{12}=\frac{28}{36}+\frac{3}{36}=\frac{31}{36}$이므로 남은 부분은

전체의 $1-\frac{31}{36}=\frac{36}{36}-\frac{31}{36}=\frac{5}{36}$입니다.

$\Rightarrow \frac{5}{36}=\frac{5\times5}{36\times5}=\frac{25}{180}$이므로 남은 쪽수는 25쪽입니다.

---

01 $1.47,\ 1\frac{3}{8},\ 1\frac{1}{4},\ 1.08$ **02** ㉠

03 4개   **04** 32

05 $3\frac{1}{9}$ cm   **06** $2\frac{9}{14}$ cm

07 $\frac{13}{30}$ **08** 2시 38분

01 $1\frac{1}{4}=1\frac{25}{100}=1.25,$

$1\frac{3}{8}=1\frac{375}{1000}=1.375$

$\Rightarrow 1.47>1.375>1.25>1.08$이므로

$1.47>1\frac{3}{8}>1\frac{1}{4}>1.08$입니다.

02 ㉠
$$
\begin{array}{r|ll}
2 & 24 & 36 \\
\hline
2 & 12 & 18 \\
\hline
3 & 6 & 9 \\
\hline
 & 2 & 3
\end{array}
$$
$\Rightarrow$ 최대공약수: $2\times2\times3=12$

12의 약수 중 2, 3, 4, 6, 12로 나누어 약분할 수 있습니다. $\Rightarrow$ 5개

㉡
$$
\begin{array}{r|ll}
3 & 45 & 60 \\
\hline
5 & 15 & 20 \\
\hline
 & 3 & 4
\end{array}
$$
$\Rightarrow$ 최대공약수: $3\times5=15$

15의 약수 중 3, 5, 15로 나누어 약분할 수 있습니다. $\Rightarrow$ 3개

따라서 5개>3개이므로 ㉠>㉡입니다.

03 $0.36=\frac{36}{100}=\frac{9}{25},\ 0.64=\frac{64}{100}=\frac{16}{25}$

$\Rightarrow \frac{9}{25}$보다 크고 $\frac{16}{25}$보다 작은 분수 중에서 분모가 25인 분수는 $\frac{10}{25},\ \frac{11}{25},\ \frac{12}{25},\ \frac{13}{25},\ \frac{14}{25},$

$\frac{15}{25}$입니다.

이 중에서 기약분수는 $\frac{11}{25},\ \frac{12}{25},\ \frac{13}{25},\ \frac{14}{25}$이므로 모두 4개입니다.

04 분자에 더해야 하는 수를 □라 하면

$\dfrac{8}{19} = \dfrac{8+\square}{19+76} = \dfrac{8+\square}{95}$ 이고 $19 \times 5 = 95$이므

로 분자에 5를 곱해야 분수의 크기가 변하지 않

습니다.

⇨ $8 \times 5 = 8 + \square$, $40 = 8 + \square$, $\square = 32$

05 $10\dfrac{8}{9} = 5\dfrac{4}{9} + 5\dfrac{4}{9}$ 이므로

(가로)+(세로)$= 5\dfrac{4}{9}$ cm입니다.

⇨ (가로)$= 5\dfrac{4}{9} - 2\dfrac{1}{3} = 5\dfrac{4}{9} - 2\dfrac{3}{9} = 3\dfrac{1}{9}$ (cm)

06 (색 테이프 2장의 길이의 합)

$= 5\dfrac{1}{7} + 5\dfrac{1}{7} = 10\dfrac{2}{7}$ (cm)

(겹쳐진 부분의 길이)

$= 10\dfrac{2}{7} - 7\dfrac{9}{14} = 10\dfrac{4}{14} - 7\dfrac{9}{14}$

$= 9\dfrac{18}{14} - 7\dfrac{9}{14} = 2\dfrac{9}{14}$ (cm)

07 계산 결과가 가장 크려면 가장 큰 수와 둘째로

큰 수의 합에서 가장 작은 수를 빼면 됩니다.

$\dfrac{1}{3} > \dfrac{1}{5} > \dfrac{1}{10}$

⇨ $\dfrac{1}{3} + \dfrac{1}{5} - \dfrac{1}{10} = \dfrac{10}{30} + \dfrac{6}{30} - \dfrac{3}{30} = \dfrac{13}{30}$

08 지수가 걸어간 시간은 $\dfrac{7}{60}$시간입니다.

(할머니 댁에 가는 데 걸린 시간)

$= \dfrac{1}{10} + \dfrac{7}{60} + 1\dfrac{5}{12} = \dfrac{6}{60} + \dfrac{7}{60} + 1\dfrac{25}{60}$

$= 1\dfrac{38}{60}$ (시간)

⇨ $1\dfrac{38}{60}$시간 $=$ 1시간 38분

⇨ 오후 1시 + 1시간 38분 = 오후 2시 38분

누구나 만점 전략 52~53쪽

01 $\dfrac{9}{15}$에 ○표, $\dfrac{54}{90}$에 ○표

02 ㉡, ㉢   **03** 4개

04 $\dfrac{8}{15}$ **05** 1, 2, 3, 4

06 $1\dfrac{38}{63}$ **07** $2\dfrac{2}{15}$

08 $8\dfrac{4}{21}$ m   **09** $10\dfrac{7}{20}$ m

10 $\dfrac{11}{24}$

01 $\dfrac{18}{30} = \dfrac{18 \div 2}{30 \div 2} = \dfrac{9}{15}$, $\dfrac{18}{30} = \dfrac{18 \times 3}{30 \times 3} = \dfrac{54}{90}$

02
$$
\begin{array}{r|cc}
5 & 10 & 15 \\
\hline
& 2 & 3
\end{array}
$$
⇨ 최소공배수: $5 \times 2 \times 3 = 30$

⇨ 공배수: 30, 60, 90, 120, …

$\left(\dfrac{3}{10}, \dfrac{7}{15}\right) \Rightarrow \left(\dfrac{9}{30}, \dfrac{14}{30}\right) \Rightarrow \left(\dfrac{18}{60}, \dfrac{28}{60}\right)$

$\Rightarrow \left(\dfrac{27}{90}, \dfrac{42}{90}\right) \Rightarrow \left(\dfrac{36}{120}, \dfrac{56}{120}\right)$

따라서 $\left(\dfrac{3}{10}, \dfrac{7}{15}\right)$을 통분한 것은 ㉡, ㉢입니다.

03 1부터 9까지의 자연수 중에서 10과 공약수가

1뿐인 수는 1, 3, 7, 9입니다.

따라서 기약분수는 $\dfrac{1}{10}$, $\dfrac{3}{10}$, $\dfrac{7}{10}$, $\dfrac{9}{10}$이므로

모두 4개입니다.

04 (여학생 수)$= 150 - 70 = 80$(명)

여학생은 전체의 $\dfrac{80}{150}$입니다.

$$
\begin{array}{r|cc}
2 & 80 & 150 \\
\hline
5 & 40 & 75 \\
\hline
& 8 & 15
\end{array}
$$
⇨ 최대공약수: $2 \times 5 = 10$

⇨ $\dfrac{80}{150} = \dfrac{80 \div 10}{150 \div 10} = \dfrac{8}{15}$

05 $0.3=\dfrac{3}{10}$이므로 $\dfrac{\square}{15}<\dfrac{3}{10}$입니다.

$\dfrac{\square}{15}=\dfrac{\square\times2}{15\times2}=\dfrac{\square\times2}{30}$, $\dfrac{3}{10}=\dfrac{3\times3}{10\times3}=\dfrac{9}{30}$

$\Rightarrow \dfrac{\square\times2}{30}<\dfrac{9}{30}$에서 $\square\times2<9$이므로 $\square$ 안에 들어갈 수 있는 자연수는 1, 2, 3, 4입니다.

06 $\bigcirc$ $\dfrac{1}{7}$이 5개인 수는 $\dfrac{5}{7}$입니다.

$\bigcirc$ $\dfrac{1}{9}$이 8개인 수는 $\dfrac{8}{9}$입니다.

$\Rightarrow \dfrac{5}{7}+\dfrac{8}{9}=\dfrac{45}{63}+\dfrac{56}{63}=\dfrac{101}{63}=1\dfrac{38}{63}$

07 $3\dfrac{4}{5}>2\dfrac{3}{4}>1\dfrac{2}{3}$이므로 가장 큰 수는 $3\dfrac{4}{5}$이고

가장 작은 수는 $1\dfrac{2}{3}$입니다.

$\Rightarrow 3\dfrac{4}{5}-1\dfrac{2}{3}=3\dfrac{12}{15}-1\dfrac{10}{15}=2\dfrac{2}{15}$

08 (가로)+(세로)

$=2\dfrac{3}{7}+1\dfrac{2}{3}=2\dfrac{9}{21}+1\dfrac{14}{21}=3\dfrac{23}{21}$

$=4\dfrac{2}{21}$ (m)

$\Rightarrow$ (네 변의 길이의 합)

$=4\dfrac{2}{21}+4\dfrac{2}{21}=8\dfrac{4}{21}$ (m)

09 (색 테이프 3장의 길이의 합)

$=4\dfrac{1}{4}+4\dfrac{1}{4}+4\dfrac{1}{4}=12\dfrac{3}{4}$ (m)

(겹쳐진 부분의 길이의 합)

$=1\dfrac{1}{5}+1\dfrac{1}{5}=2\dfrac{2}{5}$ (m)

$\Rightarrow 12\dfrac{3}{4}-2\dfrac{2}{5}=12\dfrac{15}{20}-2\dfrac{8}{20}=10\dfrac{7}{20}$ (m)

10 $\dfrac{7}{8}\blacksquare\dfrac{5}{6}=\dfrac{7}{8}-\dfrac{5}{6}+\dfrac{5}{12}$

$=\dfrac{21}{24}-\dfrac{20}{24}+\dfrac{10}{24}=\dfrac{11}{24}$

창의·융합·코딩 전략 | 54~57쪽

01 $\dfrac{11}{16}$, $\dfrac{15}{20}$ **02** $\dfrac{5}{30}$, $\dfrac{3}{30}$

03 154 cm   **04** 11, 22, 33

05 $6\dfrac{3}{5}$; $3\dfrac{1}{10}$ **06** $\dfrac{4}{15}$

07 $11\dfrac{19}{28}$ **08** $\bigcirc$, $\dfrac{23}{24}$

01 약분하기 전의 분수: $\dfrac{3\times5}{4\times5}=\dfrac{15}{20}$

분모와 분자에 각각 4를 더하기 전의 분수:

$\dfrac{15-4}{20-4}\Rightarrow\dfrac{11}{16}$

02 $\bigcirc$: $\dfrac{1}{6}$, $\bigcirc$: $\dfrac{1}{10}$

$\begin{array}{r}2\,)\underline{6\quad10}\\3\quad5\end{array}\Rightarrow$ 최소공배수: $2\times3\times5=30$

$\left(\dfrac{1}{6},\dfrac{1}{10}\right)\Rightarrow\left(\dfrac{1\times5}{6\times5},\dfrac{1\times3}{10\times3}\right)\Rightarrow\left(\dfrac{5}{30},\dfrac{3}{30}\right)$

03 직사각형의 짧은 변의 길이를 $\square$ cm라 하면

$\dfrac{\square}{49}=\dfrac{4}{7}$입니다.

$49\div7=7$이므로 $\square\div7=4$, $\square=28$입니다.

따라서 직사각형의 네 변의 길이의 합은

$49+28+49+28=154$ (cm)입니다.

04 $\dfrac{11}{\bullet}$은 진분수이므로 $\bullet$는 11보다 큽니다.

공통분모가 36이므로 $\bullet$는 36의 약수입니다.

36의 약수는 1, 2, 3, 4, 6, 9, 12, 18, 36이고

이 중에서 11보다 큰 수는 12, 18, 36입니다.

$\bullet=12$일 때: $\dfrac{11}{12}=\dfrac{11\times3}{12\times3}=\dfrac{33}{36}\Rightarrow\square=33$

$\bullet=18$일 때: $\dfrac{11}{18}=\dfrac{11\times2}{18\times2}=\dfrac{22}{36}\Rightarrow\square=22$

$\bullet=36$일 때: $\dfrac{11}{36}\Rightarrow\square=11$

따라서 $\square$ 안에 들어갈 수 있는 자연수는 11, 22, 33입니다.

05 삼각형의 꼭짓점에 있는 세 수를 한 번씩만 사용하여 가장 큰 대분수를 만드는 규칙입니다.

따라서 빈 곳에 알맞은 대분수는 $6\frac{3}{5}$입니다.

$6\frac{3}{5} > 5\frac{2}{3} > 5\frac{2}{4} > 3\frac{1}{2}$이므로 가장 큰 수는

$6\frac{3}{5}$이고 가장 작은 수는 $3\frac{1}{2}$입니다.

$\Rightarrow 6\frac{3}{5} - 3\frac{1}{2} = 6\frac{6}{10} - 3\frac{5}{10} = 3\frac{1}{10}$

06 $2\frac{1}{5} - \frac{2}{3} = 2\frac{3}{15} - \frac{10}{15} = 1\frac{18}{15} - \frac{10}{15}$

$\qquad\qquad = 1\frac{8}{15}$(대분수) $\Rightarrow$ 아니요

$1\frac{8}{15} - \frac{2}{3} = 1\frac{8}{15} - \frac{10}{15} = \frac{23}{15} - \frac{10}{15}$

$\qquad\qquad = \frac{13}{15}$(진분수) $\Rightarrow$ 예

$\frac{13}{15} - \frac{3}{5} = \frac{13}{15} - \frac{9}{15} = \frac{4}{15}$

따라서 끝에 나오는 값은 $\frac{4}{15}$입니다.

07 $5\frac{1}{4} + 2\frac{1}{7} = 5\frac{7}{28} + 2\frac{4}{28} = 7\frac{11}{28} < 10$

$\Rightarrow$ 반복하기

$7\frac{11}{28} + 2\frac{1}{7} = 7\frac{11}{28} + 2\frac{4}{28} = 9\frac{15}{28} < 10$

$\Rightarrow$ 반복하기

$9\frac{15}{28} + 2\frac{1}{7} = 9\frac{15}{28} + 2\frac{4}{28} = 11\frac{19}{28} > 10$

$\Rightarrow$ 계산 결과 쓰기

따라서 화면에 보이는 수는 $11\frac{19}{28}$입니다.

08

㉠	㉡	㉢
$-\frac{1}{6}$	$+\frac{1}{8}$	$-\frac{1}{4}$
$+\frac{1}{5}$	$-\frac{1}{9}$	$+\frac{1}{3}$

아래쪽으로 1칸을 간 후 오른쪽으로 2칸을 가야 하므로 ㉡과 ㉢에서는 시작할 수 없습니다.

따라서 시작한 곳은 ㉠입니다.

마지막 계산 결과가 1이므로 거꾸로 생각하여 ㉠이 나타내는 수를 알아봅니다.

$\frac{1}{3}$을 더하기 전의 수

$\Rightarrow 1 - \frac{1}{3} = \frac{3}{3} - \frac{1}{3} = \frac{2}{3}$

$\frac{1}{4}$을 빼기 전의 수

$\Rightarrow \frac{2}{3} + \frac{1}{4} = \frac{8}{12} + \frac{3}{12} = \frac{11}{12}$

$\frac{1}{8}$을 더하기 전의 수

$\Rightarrow \frac{11}{12} - \frac{1}{8} = \frac{22}{24} - \frac{3}{24} = \frac{19}{24}$

$\frac{1}{6}$을 빼기 전의 수

$\Rightarrow \frac{19}{24} + \frac{1}{6} = \frac{19}{24} + \frac{4}{24} = \frac{23}{24}$

따라서 ㉠이 나타내는 수는 $\frac{23}{24}$입니다.

01 28	02 11시 45분
03 90	04 65
05 (화살표 방향으로) $\dfrac{6}{8}$, $\dfrac{12}{16}$, $\dfrac{3}{4}$	
06 $\dfrac{4}{10}$	07 $\dfrac{7}{8}$
08 $3\dfrac{7}{12}$, $4\dfrac{5}{18}$	

01 27의 약수: 1, 3, 9, 27
$$\Rightarrow 1+3+9=13 \ (\times)$$
28의 약수: 1, 2, 4, 7, 14, 28
$$\Rightarrow 1+2+4+7+14=28 \ (\bigcirc)$$
따라서 27과 28 중 완전수는 28입니다.

02
$$5\,)\!\!\begin{array}{r} \underline{15 \quad 25} \\ 3 \quad 5 \end{array} \Rightarrow 최소공배수: 5\times3\times5=75$$
경주행 버스와 전주행 버스는 75분마다 동시에 출발합니다.
75분＝60분＋15분＝1시간＋15분
　　　＝1시간 15분
$\Rightarrow$ 8시부터 1시간 15분씩 3번 지난 시각을 구합니다.
첫 번째: 8시
두 번째: 8시＋1시간 15분＝9시 15분
세 번째: 9시 15분＋1시간 15분＝10시 30분
네 번째: 10시 30분＋1시간 15분＝11시 45분
따라서 네 번째로 동시에 출발하는 시각은 오전 11시 45분입니다.

03 120과 ■의 최대공약수가 30(2×3×5＝30)이므로 4와 ★은 1 이외의 공약수가 없고 ■가 120보다 작으므로 ★은 4보다 작은 수가 되어야 합니다.
★이 될 수 있는 수는 1과 3이므로 ■가 가장 큰 수가 되려면 ★은 3이 되어야 합니다.

$$\Rightarrow \bullet = \bigstar \times 5 = 3 \times 5 = 15,$$
$$\blacktriangle = \bullet \times 3 = 15 \times 3 = 45,$$
$$\blacksquare = \blacktriangle \times 2 = 45 \times 2 = 90$$

04 ㉠과 ㉡의 차가 가장 크게 되는 것은 ㉠이 25의 배수 중 가장 큰 두 자리 수, ㉡이 30의 약수 중 가장 작은 두 자리 수인 경우입니다.
25의 배수: 25, 50, 75, 100, ...
$$\Rightarrow ㉠=75$$
30의 약수: 1, 2, 3, 5, 6, 10, 15, 30
$$\Rightarrow ㉡=10$$
따라서 ㉠－㉡＝75－10＝65입니다.

05 $\dfrac{18}{24}=\dfrac{18\div3}{24\div3}=\dfrac{6}{8}$
$$\Rightarrow \dfrac{6}{8}=\dfrac{6\times2}{8\times2}=\dfrac{12}{16}$$
$$\Rightarrow \dfrac{12}{16}=\dfrac{12\div4}{16\div4}=\dfrac{3}{4}$$

06 $\dfrac{3}{10}\left(=\dfrac{9}{30}\right) > \dfrac{4}{15}\left(=\dfrac{8}{30}\right)$이므로 준서는 $\dfrac{3}{10}$ 보다 큰 수를 만들었습니다.
$\dfrac{3}{10}$보다 큰 수를 만들려면 분모 상자에서 10을 꺼내고 분자 상자에서 4를 꺼내면 됩니다.
$$\Rightarrow \dfrac{4}{10}$$

07 후각, 시각, 생각을 상징하는 분수는 각각 $\dfrac{1}{2}$, $\dfrac{1}{4}$, $\dfrac{1}{8}$입니다.
$$\Rightarrow \dfrac{1}{2}+\dfrac{1}{4}+\dfrac{1}{8}=\dfrac{4}{8}+\dfrac{2}{8}+\dfrac{1}{8}=\dfrac{7}{8}$$

08 $㉠+2\dfrac{1}{6}=5\dfrac{3}{4}$
$$\Rightarrow ㉠=5\dfrac{3}{4}-2\dfrac{1}{6}=5\dfrac{9}{12}-2\dfrac{2}{12}=3\dfrac{7}{12}$$
$㉡+2\dfrac{1}{6}=6\dfrac{4}{9}$
$$\Rightarrow ㉡=6\dfrac{4}{9}-2\dfrac{1}{6}=6\dfrac{8}{18}-2\dfrac{3}{18}=4\dfrac{5}{18}$$

고난도 해결 전략 1회 64~67쪽

01 3월 13일, 3번	02 0, 6
03 6개	04 6435
05 5개	06 4개
07 314	08 7, 35
09 8개	10 9, 2
11 120	12 55, 77
13 22	14 3분
15 112	

01
2) 4 6
---
  2 3 ⇨ 최소공배수: $2 \times 2 \times 3 = 12$

준호와 연서가 다시 만나는 날은
$1 + 12 = 13$(일)입니다.
12일 동안 준호는 수영장에 $12 \div 4 = 3$(번) 더 가야 합니다.

02 6의 배수는 각 자리 숫자의 합이 3의 배수이면서 짝수여야 합니다. 645□는 짝수이므로 □ 안에는 0, 2, 4, 6, 8이 들어갈 수 있습니다.
$6 + 4 + 5 + □ = 15 + □$이므로
$(15 + □)$가 3의 배수여야 합니다.
□$= 0$일 때 $15 + 0 = 15$,
□$= 6$일 때 $15 + 6 = 21$로
3의 배수가 되므로 □ 안에 들어갈 수 있는 숫자는 0, 6입니다.

03
3) 30 45
---
5) 10 15
---
  2 3 ⇨ 최대공약수: $3 \times 5 = 15$

정사각형의 한 변의 길이: 15 cm
가로로 $30 \div 15 = 2$(개), 세로로 $45 \div 15 = 3$(개)씩 모두 $2 \times 3 = 6$(개)의 정사각형을 만들 수 있습니다.

04 5의 배수는 일의 자리 숫자가 0 또는 5인 수이고 3의 배수는 각 자리 숫자의 합이 3의 배수인 수입니다.

5의 배수인 수는 3860, 6435입니다.
$3860 \Rightarrow 3 + 8 + 6 + 0 = 17$
$6435 \Rightarrow 6 + 4 + 3 + 5 = 18$ (3의 배수)
따라서 5의 배수도 되고 3의 배수도 되는 수는 6435입니다.

05 □가 24의 약수일 때: 1, 2, 3, 4, 6, 8, 12, 24
□가 24의 배수일 때: 24, 48, 72, 96, 120, …
따라서 □ 안에 들어갈 수 있는 두 자리 수는 12, 24, 48, 72, 96이므로 모두 5개입니다.

06 12와 16으로 나누어떨어지는 수는 12와 16의 공배수입니다.

2) 12 16
---
2) 6   8
---
  3   4
⇨ 최소공배수: $2 \times 2 \times 3 \times 4 = 48$

12와 16의 최소공배수인 48의 배수 중에서 100과 300 사이의 수는 144, 192, 240, 288이므로 모두 4개입니다.

07 어떤 수는 7로 나누어떨어지기에도 1이 모자라고 9로 나누어떨어지기에도 1이 모자랍니다.
어떤 수를 □라 하면 $(□ + 1)$은 7과 9의 공배수입니다.
□$+ 1 = 63, 126, 189, 252, 315, …$이므로
□$= 62, 125, 188, 251, 314, …$이고 이 중에서 300에 가장 가까운 수는 314입니다.

08 $109 - 4 = 105$와 $145 - 5 = 140$은 어떤 수로 나누어떨어집니다. 어떤 수는 105와 140의 공약수입니다.

5) 105 140
---
7) 21   28
---
   3   4
⇨ 최대공약수: $5 \times 7 = 35$

35의 약수는 1, 5, 7, 35이고 이 중에서 나머지 4와 5보다 큰 수는 7, 35입니다.

09 4의 배수는 오른쪽 두 자리 수가 00이거나 4의 배수인 수입니다.

주어진 수 카드로 만들 수 있는 두 자리 수 중 4의 배수는 12, 16, 24, 64입니다.

따라서 만들 수 있는 4의 배수는 412, 612, 216, 416, 124, 624, 164, 264이므로 모두 8개입니다.

10 9의 배수는 각 자리 숫자의 합이 9의 배수여야 하므로 주어진 수를 $7㉠㉡$이라 하면 $7+㉠+㉡$의 값이 9의 배수여야 합니다.

$7+㉠+㉡=18$일 때 가장 큰 수가 됩니다.

$㉠+㉡=11$이고 $㉠>㉡$이므로 $(㉠, ㉡)$은 (6, 5), (7, 4), (8, 3), (9, 2)가 될 수 있습니다.

이 중 가장 큰 9의 배수를 만들 수 있는 $(㉠, ㉡)$은 (9, 2)입니다.

따라서 $7㉠㉡=792$입니다.

11 72와 ㉠의 최대공약수는 24이므로 ㉠은 24의 배수입니다.

80과 ㉠의 최대공약수는 40이므로 ㉠은 40의 배수입니다.

㉠은 24의 배수이면서 40의 배수이므로 가장 작은 수는 24와 40의 최소공배수입니다.

$$2\underline{)\,24\quad40}$$
$$2\underline{)\,12\quad20}$$
$$2\underline{)\,\;\;6\quad10}$$
$$3\quad\;\;5$$

⇨ 최소공배수: $2\times2\times2\times3\times5=120$

12
$$11\underline{)\,㉮\quad㉯}$$
$$㉠\quad㉡$$

최소공배수: $11\times㉠\times㉡=385$이므로

$㉠\times㉡=35$입니다.

$㉠=1$, $㉡=35$ 또는 $㉠=5$, $㉡=7$입니다.

$㉠=1$, $㉡=35$이면 두 수는 $11\times1=11$, $11\times35=385$이고 두 수의 합은 $11+385=396$이므로 조건에 맞지 않습니다.

$㉠=5$, $㉡=7$이면 두 수는 $11\times5=55$, $11\times7=77$이고 두 수의 합은 $55+77=132$이므로 조건에 맞습니다.

따라서 두 수는 55와 77입니다.

13 3으로 나누면 1이 남으므로 3의 배수보다 1만큼 더 큰 수 또는 3의 배수보다 2만큼 더 작은 수입니다.

8로 나누면 6이 남으므로 8의 배수보다 6만큼 더 큰 수 또는 8의 배수보다 2만큼 더 작은 수입니다.

■가 될 수 있는 수는 3과 8의 공배수보다 2만큼 더 작은 수이고 이 중에서 가장 작은 수는 3과 8의 최소공배수인 24보다 2만큼 더 작은 수입니다.

따라서 $24-2=22$입니다.

14 42와 36의 공배수만큼 톱니가 맞물려 돌아갔을 때마다 처음 맞물렸던 곳에서 다시 맞물리게 됩니다.

$$2\underline{)\,42\quad36}$$
$$3\underline{)\,21\quad18}$$
$$7\quad\;\;6$$ ⇨ 최소공배수: $2\times3\times7\times6=252$

톱니바퀴 ㉮가 돌아야 하는 회전 수:

$252\div42=6$(바퀴)

따라서 톱니바퀴 ㉮는 최소한 $6\div2=3$(분) 동안 돌아야 합니다.

15 $99\div9=11$이므로 1부터 99까지의 수 중에서 9의 배수가 아닌 수는 $99-11=88$(개)입니다.

$108\div9=12$이므로 1부터 108까지의 수 중에서 9의 배수가 아닌 수는 $108-12=96$(개)입니다.

따라서 109(97째 수), 110(98째 수), 111(99째 수), 112(100째 수)는 9의 배수가 아니므로 100째에 있는 수는 112입니다.

01 $\dfrac{140}{240}$, $\dfrac{135}{240}$

02 18

03 $\dfrac{51}{86}$

04 0.875

05 3개

06 60개

07 $\dfrac{44}{45}$ kg

08 22개

09 $3\dfrac{59}{63}$

10 4시 2분

11 $1\dfrac{7}{36}$ L

12 예 $\dfrac{1}{3}+\dfrac{1}{6}+\dfrac{1}{18}$

13 4일

14 $31\dfrac{37}{40}$

15 8가지

01
$$\begin{array}{r} 2\,)\,\underline{12\quad16}\\ 2\,)\,\underline{6\quad8}\\ 3\quad4 \end{array}$$
⇨ 최소공배수: $2\times2\times3\times4=48$

48의 배수인 48, 96, 144, 192, 240, 288…이 공통분모가 될 수 있습니다.

이 중에서 250에 가장 가까운 수는 240입니다.

⇨ $\dfrac{7}{12}=\dfrac{7\times20}{12\times20}=\dfrac{140}{240}$,

$\dfrac{9}{16}=\dfrac{9\times15}{16\times15}=\dfrac{135}{240}$

02 $\dfrac{\blacktriangle}{\blacksquare}$는 $\dfrac{5}{8}$와 크기가 같고 분모와 분자의 합이 78인 분수입니다.

$\dfrac{5}{8}$의 분모와 분자의 합은 $8+5=13$이고

$13\times6=78$이므로 $\dfrac{\blacktriangle}{\blacksquare}$는 $\dfrac{5}{8}$의 분모와 분자에 각각 6을 곱한 분수입니다.

⇨ $\dfrac{\blacktriangle}{\blacksquare}=\dfrac{5\times6}{8\times6}=\dfrac{30}{48}$이므로

$\blacksquare=48$, $\blacktriangle=30$입니다.

따라서 $\blacksquare-\blacktriangle=48-30=18$입니다.

03 약분하기 전의 분수: $\dfrac{8\times7}{13\times7}=\dfrac{56}{91}$

분모와 분자에 각각 5를 더하기 전의 분수:

$\dfrac{56-5}{91-5}$ ⇨ $\dfrac{51}{86}$

따라서 어떤 분수는 $\dfrac{51}{86}$입니다.

04 만들 수 있는 진분수: $\dfrac{3}{7}$, $\dfrac{3}{8}$, $\dfrac{7}{8}$

$\dfrac{3}{7}\left(=\dfrac{6}{14}\right)<\dfrac{1}{2}\left(=\dfrac{7}{14}\right)$, $\dfrac{3}{8}<\dfrac{1}{2}\left(=\dfrac{4}{8}\right)$,

$\dfrac{7}{8}>\dfrac{1}{2}\left(=\dfrac{4}{8}\right)$

따라서 $\dfrac{1}{2}$보다 큰 수는 $\dfrac{7}{8}$이고

$\dfrac{7}{8}=\dfrac{875}{1000}=0.875$입니다.

05 $0.45=\dfrac{45}{100}=\dfrac{9}{20}$, $0.95=\dfrac{95}{100}=\dfrac{19}{20}$

⇨ $\dfrac{9}{20}$보다 크고 $\dfrac{19}{20}$보다 작은 분수 중에서 분모가 20인 분수는 $\dfrac{10}{20}$, $\dfrac{11}{20}$, $\dfrac{12}{20}$, $\dfrac{13}{20}$, $\dfrac{14}{20}$,

$\dfrac{15}{20}$, $\dfrac{16}{20}$, $\dfrac{17}{20}$, $\dfrac{18}{20}$입니다.

이 중에서 기약분수는 $\dfrac{11}{20}$, $\dfrac{13}{20}$, $\dfrac{17}{20}$이므로 모두 3개입니다.

06 $77=7\times11$이므로 분자가 7의 배수 또는 11의 배수일 때 약분이 됩니다.

1부터 76까지의 수 중 7의 배수의 개수:

$76\div7=10\cdots6$ ⇨ 10개

1부터 76까지의 수 중 11의 배수의 개수:

$76\div11=6\cdots10$ ⇨ 6개

따라서 기약분수는 $76-10-6=60$(개)입니다.

07 (바나나의 무게의 반)

$=5\dfrac{5}{9}-3\dfrac{4}{15}=5\dfrac{25}{45}-3\dfrac{12}{45}=2\dfrac{13}{45}$ (kg)

(빈 바구니의 무게)

$=3\dfrac{4}{15}-2\dfrac{13}{45}=3\dfrac{12}{45}-3\dfrac{13}{45}$

$=2\dfrac{57}{45}-2\dfrac{13}{45}=\dfrac{44}{45}$ (kg)

08 $\dfrac{4}{5}-\dfrac{1}{3}=\dfrac{12}{15}-\dfrac{5}{15}=\dfrac{7}{15}$,

$\dfrac{1}{4}+\dfrac{3}{5}=\dfrac{5}{20}+\dfrac{12}{20}=\dfrac{17}{20}$

$\Rightarrow \dfrac{7}{15}<\dfrac{\square}{60}<\dfrac{17}{20} \Rightarrow \dfrac{28}{60}<\dfrac{\square}{60}<\dfrac{51}{60}$

따라서 $28<\square<51$이므로 $\square$ 안에 들어갈 수 있는 자연수는 29부터 50까지의 수입니다.

$\Rightarrow 50-29+1=22$(개)

09 차가 가장 크려면 가장 큰 대분수에서 가장 작은 대분수를 빼야 합니다.

가장 큰 대분수: $9\dfrac{5}{7}$, 가장 작은 대분수: $5\dfrac{7}{9}$

$\Rightarrow 9\dfrac{5}{7}-5\dfrac{7}{9}=9\dfrac{45}{63}-5\dfrac{49}{63}$

$=8\dfrac{108}{63}-5\dfrac{49}{63}=3\dfrac{59}{63}$

10 경환이가 택시로 간 시간은 $\dfrac{10}{60}$시간입니다.

(할머니 댁에 가는 데 걸린 시간)

$=1\dfrac{2}{3}+1\dfrac{1}{5}+\dfrac{10}{60}=1\dfrac{40}{60}+1\dfrac{12}{60}+\dfrac{10}{60}$

$=2\dfrac{62}{60}=3\dfrac{2}{60}$(시간)

$\Rightarrow 3\dfrac{2}{60}$시간=3시간 2분

$\Rightarrow$ 오후 1시+3시간 2분=오후 4시 2분

11 (사용한 후에 물의 양)

$=4\dfrac{2}{3}-2\dfrac{1}{4}=4\dfrac{8}{12}-2\dfrac{3}{12}=2\dfrac{5}{12}$ (L)

(채운 후에 물의 양)

$=2\dfrac{5}{12}+1\dfrac{7}{18}=2\dfrac{15}{36}+1\dfrac{14}{36}=3\dfrac{29}{36}$ (L)

(더 부어야 하는 물의 양)

$=5-3\dfrac{29}{36}=4\dfrac{36}{36}-3\dfrac{29}{36}=1\dfrac{7}{36}$ (L)

12 9의 약수는 1, 3, 9이고 세 수를 더해서 5가 되는 경우가 없습니다.

$\dfrac{5}{9}=\dfrac{10}{18}$이고 18의 약수는 1, 2, 3, 6, 9, 18입니다.

이 중에서 세 수의 합이 10인 경우는

$1+3+6=10$입니다.

$\Rightarrow \dfrac{5}{9}=\dfrac{10}{18}=\dfrac{1}{18}+\dfrac{3}{18}+\dfrac{6}{18}$

$=\dfrac{1}{18}+\dfrac{1}{6}+\dfrac{1}{3}$

13 하루 동안 우재가 할 수 있는 일의 양: 전체의 $\dfrac{1}{6}$

하루 동안 준호가 할 수 있는 일의 양: 전체의 $\dfrac{1}{12}$

하루 동안 두 사람이 함께 할 수 있는 일의 양은 전체의 $\dfrac{1}{6}+\dfrac{1}{12}=\dfrac{2}{12}+\dfrac{1}{12}=\dfrac{3}{12}=\dfrac{1}{4}$입니다.

$\Rightarrow \dfrac{1}{4}$이 4개이면 $\dfrac{4}{4}=1$이므로 일을 끝내는 데 4일이 걸립니다.

14 자연수 부분은 1부터 1씩 커지고, 분자는 1부터 2씩 커지고, 분모는 2부터 2씩 커지는 규칙입니다.

$\square$째 분수의 자연수 부분은 $\square$,

분자는 $1+2\times(\square-1)$,

분모는 $2+2\times(\square-1)$입니다.

10째 분수: $10\dfrac{1+2\times(10-1)}{2+2\times(10-1)} \Rightarrow 10\dfrac{19}{20}$,

20째 분수: $20\dfrac{1+2\times(20-1)}{2+2\times(20-1)} \Rightarrow 20\dfrac{39}{40}$

$\Rightarrow 10\dfrac{19}{20}+20\dfrac{39}{40}=10\dfrac{38}{40}+20\dfrac{39}{40}$

$=30\dfrac{77}{40}=31\dfrac{37}{40}$

15 $\dfrac{\bigcirc}{18}=\dfrac{\bigcirc\times3}{18\times3}=\dfrac{\bigcirc\times3}{54}$,

$\dfrac{\bigcirc}{27}=\dfrac{\bigcirc\times2}{27\times2}=\dfrac{\bigcirc\times2}{54}$

$\Rightarrow \dfrac{\bigcirc\times3}{54}=\dfrac{\bigcirc\times2}{54}$이므로 $\bigcirc\times3=\bigcirc\times2$입니다.

$\dfrac{\bigcirc}{18}$과 $\dfrac{\bigcirc}{27}$은 진분수이므로 $\bigcirc<18$, $\bigcirc<27$입니다. 따라서 조건을 만족하는 $(\bigcirc, \bigcirc)$은 (2, 3), (4, 6), (6, 9), (8, 12), (10, 15), (12, 18), (14, 21), (16, 24)이므로 모두 8가지입니다.

memo

정답과 풀이

BOOK2

일등 전략 **5-1**

정답과 풀이

| 개념 돌파 전략 **1** | 확인 문제 | **8~11쪽** |

01 $67-(16+31)$ **02** 성준

03 (계산 순서대로) 79, 71, 71

04 ㉡   **05** ④, ②, ③, ①

06 $53-(11×3)=20$ **07** 26

08 60   **09** 3

10 5, 6, 7

11 $○×5=△$ 또는 $△÷5=○$

12 (   )(○)(   )   **13** (1) 48권 (2) 5판

01 $67-(16+31)=20$
　　　　　① 47
　　　② 20

02 $72÷(6×4)=3$
　　　　　① 24
　　　② 3

04 $8+36÷9-3+5=14$
　　　　① 4
　　② 12
　　　　③ 9
　　　　　④ 14

05 $61-48÷8×(4+3)=19$
　　　　② 6　　① 7
　　　　　③ 42
　　　　④ 19

06 53에서 11을 3배 한 값을 뺀 수
　　　53　　　　　$-(11×3)$
　　⇨ $53-(11×3)=20$
　　　　　① 33
　　　　② 20

07 먼저 계산할 수 있는 부분인 $(24-6)×2$를 계산하면 $(24-6)×2=18×2=36$입니다.
⇨ $□+(24-6)×2=□+36=62$,
　$□=62-36=26$

08 계산 결과를 가장 크게 만들려면 72를 나누는 수인 $(□+□)$가 가장 작아야 합니다.
따라서 $72÷(2+4)×5$ 또는 $72÷(4+2)×5$의 식을 만들어야 합니다.
⇨ $72÷(2+4)×5=72÷6×5=12×5=60$
또는
　$72÷(4+2)×5=72÷6×5=12×5=60$

09

사각형의 수(개)	1	2	3	4	⋯
삼각형의 수(개)	3	6	9	12	⋯

사각형의 수가 1개씩 늘어날 때 삼각형의 수는 3개씩 늘어나므로 삼각형의 수는 사각형의 수의 3배입니다.

10 원의 수는 사각형의 수보다 2개 많습니다.

11 정오각형의 수가 1개씩 늘어날 때 성냥개비의 수는 5개씩 늘어납니다.
(정오각형의 수)×5=(성냥개비의 수)
⇨ $○×5=△$
(성냥개비의 수)÷5=(정오각형의 수)
⇨ $△÷5=○$

12 배열 순서가 1씩 커질 때 바둑돌의 수는 3개씩 늘어납니다.
⇨ $☆×3=□$ 또는 $□÷3=☆$

13 (1) 책꽂이의 수가 한 칸씩 늘어날 때 책의 수는 6권씩 늘어납니다.

책꽂이의 수를 ★, 책의 수를 ▲라고 할 때, 두 양 사이의 대응 관계를 식으로 나타내면 ★×6=▲ 또는 ▲÷6=★입니다.

따라서 책꽂이 8칸에 꽂을 수 있는 책은 $8 \times 6 = 48$(권)입니다.

(2) 피자의 수가 한 판씩 늘어날 때 피자 조각의 수는 8조각씩 늘어납니다.

피자의 수를 ◇, 피자 조각의 수를 ○라고 할 때, 두 양 사이의 대응 관계를 식으로 나타내면 ◇×8=○ 또는 ○÷8=◇입니다.

따라서 40조각으로 나누려면 피자는 $40 \div 8 = 5$(판)이 필요합니다.

개념 돌파 전략 2 · 12~13쪽

01 133   **02** 재훈

03 24   **04** (○)(   )

05 ☆×10=△ 또는 △÷10=☆

06 84개

---

01 ㉠ $47 + 3 \times 13 - 8 = 47 + 39 - 8$
$$= 86 - 8$$
$$= 78$$

㉡ $15 \times 4 - (6 + 9) \div 3 = 15 \times 4 - 15 \div 3$
$$= 60 - 15 \div 3$$
$$= 60 - 5$$
$$= 55$$

⇨ ㉠+㉡=78+55=133

---

02 24와 5의 차를 3배 한 값에 39를 더한 수

$(24-5) \times 3$ $+39$

⇨ $(24-5) \times 3 + 39 = 19 \times 3 + 39$
$$= 57 + 39$$
$$= 96$$

따라서 바르게 나타내어 계산한 친구는 재훈입니다.

---

03 계산 결과를 가장 크게 만들려면 (□+□×□)가 가장 크고 나누는 수가 가장 작아야 하므로 2로 나누어야 합니다.

나머지 3, 5, 9를 사용하여 (□+□×□)의 계산 결과를 가장 크게 만들려면 □×□가 가장 커야 하므로 (3+5×9)÷2 또는 (3+9×5)÷2의 식을 만들어야 합니다.

⇨ $(3 + 5 \times 9) \div 2 = (3 + 45) \div 2$
$$= 48 \div 2 = 24$$

또는

$(3 + 9 \times 5) \div 2 = (3 + 45) \div 2$
$$= 48 \div 2 = 24$$

04

사각형의 수(개)	1	2	3	4	…
삼각형의 수(개)	2	3	4	5	…

삼각형의 수는 사각형의 수보다 1개 많고 오른쪽에 있는 사각형과 삼각형의 수가 각각 1개씩 늘어납니다. 따라서 다음에 이어질 모양에서 사각형의 수는 4개, 삼각형의 수는 5개입니다.

05

달걀판의 수(판)	1	2	3	4	…
달걀의 수(개)	10	20	30	40	…

(달걀판의 수)×10=(달걀의 수)

⇨ ☆×10=△

(달걀의 수)÷10=(달걀판의 수)

⇨ △÷10=☆

06 정육각형의 수가 1개씩 늘어날 때 성냥개비의 수는 6개씩 늘어납니다.
정육각형의 수를 ★, 성냥개비의 수를 ▲라고 할 때, 두 양 사이의 대응 관계를 식으로 나타내면 $★ × 6 = ▲$ 또는 $▲ ÷ 6 = ★$입니다.
따라서 정육각형 14개를 만들 때 필요한 성냥개비는 $14 × 6 = 84$(개)입니다.

1주 2일

필수 체크 전략 1   14~17쪽

1-1 36	**1-2** 45
2-1 69	**2-2** 204
3-1 1250원	**3-2** 1800원
4-1 24	**4-2** 16
5-1 5시간	**5-2** 15장
6-1 오후 1시	
7-1 14개	**7-2** 9개
8-1 28개	

1-1 $56 ÷ (19 - 12) + 29 = 56 ÷ 7 + 29$
　　　　　　　　　　　　$= 8 + 29$
　　　　　　　　　　　　$= 37$

　➡ $□ < 37$이므로 □ 안에 들어갈 수 있는 가장 큰 자연수는 36입니다.

1-2 $100 - 81 ÷ (4 + 5) × 6 = 100 - 81 ÷ 9 × 6$
　　　　　　　　　　　　　　$= 100 - 9 × 6$
　　　　　　　　　　　　　　$= 100 - 54$
　　　　　　　　　　　　　　$= 46$

　➡ $□ < 46$이므로 □ 안에 들어갈 수 있는 가장 큰 자연수는 45입니다.

2-1 $3◎5 = (3 + 2) × 5 + 5 = 5 × 5 + 5$
　　　　　　　　　　　　$= 25 + 5 = 30$
　➡ $(3◎5)◎2 = 30◎2$
　　　　　　　$= (30 + 2) × 2 + 5$
　　　　　　　$= 32 × 2 + 5$
　　　　　　　$= 64 + 5 = 69$

2-2 $1■3 = (1 + 3) × 7 - 6 = 4 × 7 - 6$
　　　　　　　　　　　　$= 28 - 6 = 22$
　➡ $8■(1■3) = 8■22$
　　　　　　　$= (8 + 22) × 7 - 6$
　　　　　　　$= 30 × 7 - 6$
　　　　　　　$= 210 - 6 = 204$

3-1 (거스름돈) = (낸 돈) - (당근 5인분의 값)
　　　　　$= 5000 - 750 × 5$
　　　　　$= 5000 - 3750$
　　　　　$= 1250$(원)

3-2 (거스름돈) = (낸 돈) - (초콜릿 6개의 값)
　　　　　$= 15000 - 2200 × 6$
　　　　　$= 15000 - 13200$
　　　　　$= 1800$(원)

4-1 어떤 수를 □라 하면
잘못 계산한 식: $(□ + 9) ÷ 4 = 6$, $□ + 9 = 24$, $□ = 15$
바르게 계산한 식: $(15 - 9) × 4 = 6 × 4 = 24$

4-2 어떤 수를 □라 하면
잘못 계산한 식: $(20 - □) × 11 = 176$, $20 - □ = 16$, $□ = 4$
바르게 계산한 식: $20 ÷ 4 + 11 = 5 + 11 = 16$

5-1 주차 시간이 1시간씩 늘어날 때 주차 요금은 2000원씩 늘어납니다.

주차 시간을 ☆, 주차 요금을 □라고 할 때, 두 양 사이의 대응 관계를 식으로 나타내면 □÷2000＝☆입니다.

따라서 주차 요금을 10000원 냈다면 주차 시간은 10000÷2000＝5(시간)입니다.

5-2 팔린 상품권의 수가 1장씩 늘어날 때 판매 금액은 4000원씩 늘어납니다.

팔린 상품권의 수를 ◎, 판매 금액을 △라고 할 때, 두 양 사이의 대응 관계를 식으로 나타내면 △÷4000＝◎입니다.

따라서 판매 금액이 60000원이라면 팔린 상품권은 60000÷4000＝15(장)입니다.

6-1 서울의 시각은 두바이의 시각보다 5시간 빠릅니다.

서울의 시각을 ▲, 두바이의 시각을 ★이라고 할 때, 두 양 사이의 대응 관계를 식으로 나타내면 ▲－5＝★입니다.

따라서 서울이 오후 6시일 때 두바이는 오후 6시－5시간＝오후 1시입니다.

7-1

수건의 수(장)	1	2	3	4	…
집게의 수(개)	2	3	4	5	…

집게의 수는 수건의 수보다 1 큽니다.
따라서 수건 13장을 연결할 때 필요한 집게는 13＋1＝14(개)입니다.

7-2

철봉 대의 수(개)	1	2	3	4	…
철봉 기둥의 수(개)	2	3	4	5	…

철봉 기둥의 수는 철봉 대의 수보다 1 큽니다.
따라서 철봉 대가 8개일 때 철봉 기둥은 8＋1＝9(개)입니다.

8-1

정사각형의 수(개)	1	2	3	4	…
성냥개비의 수(개)	4	7	10	13	…

정사각형의 수가 1개씩 늘어날 때 성냥개비의 수는 3개씩 늘어납니다. 정사각형의 수를 ●, 성냥개비의 수를 ▲라고 할 때, 두 양 사이의 대응 관계를 식으로 나타내면 ●×3+1＝▲입니다.

●＝9일 때 ▲＝9×3+1＝28이므로 정사각형 9개를 만드는 데 필요한 성냥개비는 28개입니다.

필수 체크 전략 2 18~19쪽

01 4개 　　　　　　**02** 67
03 10000－(1500×3+800×5)＝1500 ; 1500원
04 154 　　　　　　**05** 6명
06 오후 9시 　　　　**07** 44 cm
08 12개

01
$$12÷2×(17-9)+21=12÷2×8+21$$
$$=6×8+21$$
$$=48+21$$
$$=69$$

$$50+32÷(8-4)×3=50+32÷4×3$$
$$=50+8×3$$
$$=50+24$$
$$=74$$

⇨ 69<□<74이므로 □ 안에 공통으로 들어갈 수 있는 자연수는 70, 71, 72, 73으로 모두 4개입니다.

02
$$9▣2=(9+2)×4-7=11×4-7$$
$$=44-7=37$$
⇨ $$(9▣2)◆6=37◆6=37+6×5$$
$$=37+30=67$$

03 (거스름돈)
　＝(낸 돈)－(공책 3권과 색연필 5자루의 값)
　＝10000－(1500×3＋800×5)
　＝10000－(4500＋4000)
　＝10000－8500＝1500(원)

04 어떤 수를 ☆이라 하면
　잘못 계산한 식: (45－☆)×9＝162,
　　　　　　　45－☆＝18, ☆＝27
　바르게 계산한 식: (45＋27)÷9＝72÷9＝8
　따라서 바르게 계산한 값과 잘못 계산한 값의 차
　는 162－8＝154입니다.

05 (수진이네 가족의 입장료)
　＝(낸 돈)－(거스름돈)
　＝20000－2000＝18000(원)
　입장객의 수를 △, 입장료를 ○라고 할 때, 두 양
　사이의 대응 관계를 식으로 나타내면
　○÷3000＝△입니다.
　○＝18000일 때 △＝18000÷3000＝6이므로
　수진이네 가족은 6명입니다.

06 서울의 시각을 ★, 하노이의 시각을 ◆라고 할
　때, 두 양 사이의 대응 관계를 식으로 나타내면
　◆＋2＝★입니다.
　따라서 재희가 전화를 건 시각은
　오후 7시＋2시간＝오후 9시입니다.

07

이어 붙인 색 테이프의 수(장)	2	3	4	5	…
겹쳐진 부분의 수(군데)	1	2	3	4	…

　겹쳐진 부분의 수는 이어 붙인 색 테이프의 수보
　다 1 작습니다.
　따라서 색 테이프 23장을 이어 붙였을 때 겹쳐진
　부분은 23－1＝22(군데)이고 길이는
　22×2＝44 (cm)입니다.

08

정육각형의 수(개)	1	2	3	4	…
성냥개비의 수(개)	6	11	16	21	…

　정육각형의 수가 1개씩 늘어날 때 성냥개비의 수
　는 5개씩 늘어납니다. 정육각형의 수를 ◇, 성냥
　개비의 수를 ☆라고 할 때, 두 양 사이의 대응 관
　계를 식으로 나타내면 ◇×5＋1＝☆입니다.
　☆＝61일 때 ◇×5＋1＝61, ◇×5＝60,
　◇＝12이므로 성냥개비 61개로 만들 수 있는
　정육각형은 12개입니다.

1주 3일

필수 체크 전략 1　　　　　20～23쪽

1-1 90 cm 　　　　　**1-2** 48 cm
2-1 3×(14＋7)－5＝58
2-2 11＋5×(8－3)＝36
3-1 ＋ 　　　　　**3-2** －
4-1 23 cm 　　　　　**4-2** 84 cm
5-1 13개 　　　　　**5-2** 60
6-1 40개 　　　　　**6-2** 28개
7-1 24개 　　　　　**7-2** 121개
8-1 52도막

1-1 (이등변삼각형 5개를 만드는 데 필요한 끈의 길이)
　＝(이등변삼각형의 둘레)×5＝(9×2＋4)×5
　＝(18＋4)×5＝22×5＝110 (cm)
　2 m＝200 cm이므로
　⇨ (남은 끈의 길이)＝200－(9×2＋4)×5
　　　　　　　　　＝200－110＝90 (cm)

1-2 (이등변삼각형 6개를 만드는 데 필요한 끈의 길이)

= (이등변삼각형의 둘레)×6

$= (17 \times 2 + 8) \times 6 = (34 + 8) \times 6$

$= 42 \times 6 = 252$ (cm)

3 m=300 cm이므로

➡ (남은 끈의 길이)

$= 300 - (17 \times 2 + 8) \times 6$

$= 300 - 252 = 48$ (cm)

2-1 $3 \times 14 + 7 - 5 = 42 + 7 - 5 = 49 - 5 = 44$이고

$(3 \times 14) + 7 - 5$, $(3 \times 14 + 7) - 5$는 계산 순서가 바뀌지 않으므로 계산 결과도 44입니다.

$3 \times (14 + 7) - 5 = 3 \times 21 - 5$

$\qquad = 63 - 5 = 58$ (○)

$3 \times 14 + (7 - 5) = 3 \times 14 + 2$

$\qquad = 42 + 2 = 44$ (×)

$3 \times (14 + 7 - 5) = 3 \times (21 - 5)$

$\qquad = 3 \times 16 = 48$ (×)

2-2 $11 + 5 \times 8 - 3 = 11 + 40 - 3 = 51 - 3 = 48$이고

$11 + (5 \times 8) - 3$, $(11 + 5 \times 8) - 3$은 계산 순서가 바뀌지 않으므로 계산 결과도 48입니다.

$(11 + 5) \times 8 - 3 = 16 \times 8 - 3$

$\qquad = 128 - 3 = 125$ (×)

$11 + 5 \times (8 - 3) = 11 + 5 \times 5$

$\qquad = 11 + 25 = 36$ (○)

$11 + (5 \times 8 - 3) = 11 + (40 - 3)$

$\qquad = 11 + 37 = 48$ (×)

3-1 $12 \div 9$는 계산 결과가 자연수가 아닙니다. 따라서 ○ 안에 들어갈 수 있는 기호는 +, -, ×이고 각각 계산해 보면

$(12 + 9) \times 3 - 7 = 21 \times 3 - 7$

$\qquad = 63 - 7 = 56$ (○)

$(12 - 9) \times 3 - 7 = 3 \times 3 - 7$

$\qquad = 9 - 7 = 2$ (×)

$(12 \times 9) \times 3 - 7 = 108 \times 3 - 7$

$\qquad = 324 - 7 = 317$ (×)

3-2 ○ 안에 +, -, ×, ÷를 넣어 각각 계산해 보면

$3 \times (21 + 7) + 19 = 3 \times 28 + 19$

$\qquad = 84 + 19 = 103$ (×)

$3 \times (21 - 7) + 19 = 3 \times 14 + 19$

$\qquad = 42 + 19 = 61$ (○)

$3 \times (21 \times 7) + 19 = 3 \times 147 + 19$

$\qquad = 441 + 19 = 460$ (×)

$3 \times (21 \div 7) + 19 = 3 \times 3 + 19$

$\qquad = 9 + 19 = 28$ (×)

4-1 (54 cm인 색 테이프를 3등분 한 것 중의 한 도막의 길이)$= 54 \div 3$

(42 cm인 색 테이프를 6등분 한 것 중의 한 도막의 길이)$= 42 \div 6$

두 도막을 이어 붙였으므로 겹쳐진 부분은 한 군데이고 길이는 2 cm입니다.

➡ (이어 붙인 색 테이프의 전체 길이)

$= 54 \div 3 + 42 \div 6 - 2 = 18 + 7 - 2$

$= 25 - 2 = 23$ (cm)

4-2 (120 cm인 색 테이프를 5등분 한 것 중의 한 도막의 길이)$= 120 \div 5$

(132 cm인 색 테이프를 2등분 한 것 중의 한 도막의 길이)$= 132 \div 2$

두 도막을 이어 붙였으므로 겹쳐진 부분은 한 군데이고 길이는 6 cm입니다.

➡ (이어 붙인 색 테이프의 전체 길이)

$= 120 \div 5 + 132 \div 2 - 6 = 24 + 66 - 6$

$= 90 - 6 = 84$ (cm)

5-1 파란색 공의 수를 ★, 빨간색 공의 수를 ◆라고 할 때, 두 양 사이의 대응 관계를 식으로 나타내면 ★+4=◆입니다.

따라서 요술 상자에 파란색 공 9개를 넣었을 때 나오는 빨간색 공의 수는 9+4=13(개)입니다.

5-2 요술 상자에 넣은 수를 ■, 바뀌어 나오는 수를 ★이라고 할 때, 두 양 사이의 대응 관계를 식으로 나타내면 ■×3=★입니다.
따라서 요술 상자에 20을 넣었을 때 바뀌어 나오는 수는 20×3=60입니다.

6-1

탁자의 수(개)	1	2	3	4	···
의자의 수(개)	8	12	16	20	···

(탁자의 수)×4+4=(의자의 수)이므로 탁자 9개를 한 줄로 이어 붙이면 의자를
9×4+4=40(개) 놓을 수 있습니다.

6-2

탁자의 수(개)	1	2	3	4	···
의자의 수(개)	6	8	10	12	···

(탁자의 수)×2+4=(의자의 수)이므로 탁자 12개를 한 줄로 이어 붙이면 의자를
12×2+4=28(개) 놓을 수 있습니다.

7-1

배열 순서	1	2	3	4	···
사각형 조각의 수(개)	3	6	9	12	···

사각형 조각의 수는 배열 순서의 3배이므로 8째에는 사각형 조각이 8×3=24(개) 필요합니다.

7-2

배열 순서	1	2	3	4	···
사각형 조각의 수(개)	1	4	9	16	···

(배열 순서)×(배열 순서)=(사각형 조각의 수)이므로 11째에는 사각형 조각이
11×11=121(개) 필요합니다.

8-1

자른 횟수(번)	1	2	3	4	···
도막의 수(도막)	2	4	6	8	···

(자른 횟수)×2=(도막의 수)이므로 끈을 26번 자르면 모두 26×2=52(도막)이 됩니다.

필수 체크 전략 2

24~25쪽

01 64 cm
02 42+84÷(7−3)=63
03 −, +, ÷, ×
04 30 cm
05 81개
06 28개
07 41개
08 22분

01 (사용한 색 테이프의 길이)
=(두 액자의 둘레의 합)×3
=(12×3+19×4)×3
=(36+76)×3=112×3=336 (cm)
4 m=400 cm이므로
⇨ (남은 색 테이프의 길이)
=400−(12×3+19×4)×3
=400−336=64 (cm)

02 42+84÷7−3=42+12−3=54−3=51이고 42+(84÷7)−3, (42+84÷7)−3은 계산 순서가 바뀌지 않으므로 계산 결과도 51입니다.
(42+84)÷7−3=126÷7−3
=18−3=15 (×)
42+84÷(7−3)=42+84÷4
=42+21=63 (○)
42+(84÷7−3)=42+(12−3)
=42+9=51 (×)

03 ÷가 들어갈 수 있는 곳은 9○3입니다.
26+5−9÷3×7=26+5−3×7
=26+5−21
=31−21=10 (×)
26+5×9÷3−7=26+45÷3−7
=26+15−7
=41−7=34 (×)
26−5+9÷3×7=26−5+3×7
=26−5+21
=21+21=42 (○)

$$26-5\times9\div3+7=26-45\div3+7$$
$$=26-15+7$$
$$=11+7=18\ (\times)$$
$$26\times5+9\div3-7=130+9\div3-7$$
$$=130+3-7$$
$$=133-7=126\ (\times)$$
$$26\times5-9\div3+7=130-9\div3+7$$
$$=130-3+7$$
$$=127+7=134\ (\times)$$

04 (60 cm인 색 테이프를 5등분 한 것 중의 두 도막의 길이)$=60\div5\times2$
(72 cm인 색 테이프를 6등분 한 것 중의 한 도막의 길이)$=72\div6$
세 도막을 이어 붙였으므로 겹쳐진 부분은 2군데이고 길이는 $3\times2=6$ (cm)입니다.
➡ (이어 붙인 색 테이프의 전체 길이)
$$=60\div5\times2+72\div6-3\times2$$
$$=12\times2+72\div6-3\times2$$
$$=24+72\div6-3\times2$$
$$=24+12-3\times2$$
$$=24+12-6=36-6=30\ (cm)$$

05 요술 상자에 넣은 은화의 수를 ◆, 나오는 금화의 수를 ★이라고 할 때, 두 양 사이의 대응 관계를 식으로 나타내면 ★$\times3=$◆입니다.
따라서 금화 27개를 얻으려면 요술 상자에 은화를 $27\times3=81$(개) 넣어야 합니다.

06

탁자의 수(개)	1	2	3	4	⋯
의자의 수(개)	8	10	12	14	⋯

(탁자의 수)$\times2+6=$(의자의 수)이므로 탁자 11개를 한 줄로 이어 붙이면 의자를 $11\times2+6=28$(개) 놓을 수 있습니다.

07

배열 순서	1	2	3	4	⋯
검은색 바둑돌의 수(개)	8	12	16	20	⋯
흰색 바둑돌의 수(개)	1	4	9	16	⋯

(배열 순서)$\times4+4=$(검은색 바둑돌의 수),
(배열 순서)$\times$(배열 순서)$=$(흰색 바둑돌의 수)
따라서 9째에 놓을 검은색 바둑돌은
$9\times4+4=40$(개), 흰색 바둑돌은
$9\times9=81$(개)이고 개수의 차는
$81-40=41$(개)입니다.

08

자른 횟수(번)	1	2	3	4	⋯
도막의 수(도막)	5	9	13	17	⋯

자른 횟수를 ■, 도막의 수를 ●라고 할 때, 두 양 사이의 대응 관계를 식으로 나타내면
■$\times4+1=$●입니다.
●$=45$일 때 ■$\times4+1=45$, ■$\times4=44$,
■$=11$이므로 45도막으로 자르기 위해선 11번 잘라야 하고 걸리는 시간은 $11\times2=22$(분)입니다.

누구나 만점 전략 26~27쪽

01 ㉡, ㉠, ㉣, ㉢
02 <
03 $62+(19-7)\times4=110$
04 $96\div(6+2)\times3=36$
05 $15000-(3000\times2+1200\times4)=4200$
; 4200원
06 ◎$\times6=$◇ 또는 ◇$\div6=$◎
07
08 민규
09 6시간
10 33개

01 덧셈, 뺄셈, 곱셈, 나눗셈, ( )가 섞여 있는 식의 계산 순서:

( ) ⇨ ×, ÷ ⇨ +, −
　　　앞에서부터　앞에서부터

$$95 \div (20-15) + 9 \times 4 = 95 \div 5 + 9 \times 4$$
$$= 19 + 9 \times 4$$
$$= 19 + 36$$
$$= 55$$

02
$$85 - 3 \times (5+16) = 85 - 3 \times 21$$
$$= 85 - 63$$
$$= 22$$

$$64 \div (25-17) + 31 = 64 \div 8 + 31$$
$$= 8 + 31$$
$$= 39$$

03 62에 19와 7의 차를 4배 한 값을 더한 수
　62　　　　　　　　　+(19−7)×4

$$\Rightarrow 62 + (19-7) \times 4 = 62 + 12 \times 4$$
$$= 62 + 48$$
$$= 110$$

04 $96 \div 6 + 2 \times 3 = 16 + 2 \times 3 = 16 + 6 = 22$이고 $(96 \div 6) + 2 \times 3$은 계산 순서가 바뀌지 않으므로 계산 결과도 22입니다.

$$96 \div (6+2) \times 3 = 96 \div 8 \times 3$$
$$= 12 \times 3 = 36 \ (\bigcirc)$$
$$96 \div 6 + (2 \times 3) = 96 \div 6 + 6$$
$$= 16 + 6 = 22 \ (\times)$$
$$(96 \div 6 + 2) \times 3 = (16+2) \times 3$$
$$= 18 \times 3 = 54 \ (\times)$$
$$96 \div (6+2 \times 3) = 96 \div (6+6)$$
$$= 96 \div 12 = 8 \ (\times)$$

05 (남은 돈)
$$= (낸 \ 돈) - (복숭아 \ 2개와 \ 참외 \ 4개의 \ 가격)$$
$$= 15000 - (3000 \times 2 + 1200 \times 4)$$
$$= 15000 - (6000 + 4800)$$
$$= 15000 - 10800$$
$$= 4200(원)$$

06 (상자의 수)×6=(축구공의 수) ⇨ ◎×6=◇
(축구공의 수)÷6=(상자의 수) ⇨ ◇÷6=◎

07 사각형의 수가 1개씩 늘어날 때 삼각형의 수는 2개씩 늘어납니다. 따라서 다음에 이어질 모양에는 사각형이 4개이고 각 사각형마다 위, 아래에 삼각형이 1개씩 있는 모양입니다.

08 학생의 수를 ○, 색종이의 수를 □라고 할 때, 두 양 사이의 대응 관계를 식으로 나타내면 ○×5=□ 또는 □÷5=○입니다.

09 이 기차가 같은 빠르기로 이동하는 거리를 ★, 걸린 시간을 ◆라고 할 때, 두 양 사이의 대응 관계를 식으로 나타내면 ◆×130=★ 또는 ★÷130=◆입니다.
따라서 780 km를 이동하는 데 걸린 시간은 780÷130=6(시간)입니다.

10

배열 순서	1	2	3	4	…
바둑돌의 수(개)	3	5	7	9	…

(배열 순서)×2+1=(바둑돌의 수)이므로 16째에는 바둑돌이 16×2+1=33(개) 필요합니다.

01 11

02 (위부터) 13, 5, 8

03 $20000-(11000÷2+700×5+4000)$
$=7000$; 7000원

04 18

05 (1) $◇×6=△$ 또는 $△÷6=◇$

(2) $☆×3=△$ 또는 $△÷3=☆$

(3) 54 kg, 18 kg

06 상파울루

오후 2시

07 33개

01
$$27 + 36 ÷ 9 - 5 × 4$$
$=27+36÷9-5×4$
$=27+4-5×4$
$=27+4-20$
$=31-20=11$
따라서 비밀번호는 11입니다.

02 20에서 출발했을 때 만들어지는 혼합 계산식:
$20×3+4×□=80$, $60+4×□=80$,
$4×□=20$, $□=5$
□에서 출발했을 때 만들어지는 혼합 계산식:
$□×3-5=34$, $□×3=39$, $□=13$
33에서 출발했을 때 만들어지는 혼합 계산식:
$33÷3×5=55$
27에서 출발했을 때 만들어지는 혼합 계산식:
$27÷3+4-5=□$, $9+4-5=□$,
$13-5=□$, $□=8$

03 (남은 돈)
$=20000-($카레 가루 5인분, 감자 5인분, 당근
5인분의 가격$)$
$=20000-(11000÷2+700×5+4000)$
$=20000-(5500+3500+4000)$
$=20000-13000=7000$(원)

04 ① 38은 50보다 작으므로 16을 더합니다.
$⇨ 38+16=54$
② 54는 짝수이므로 2로 나눕니다.
$⇨ (38+16)÷2=54÷2=27$
③ 27은 20보다 크므로 9를 뺍니다.
$⇨ (38+16)÷2-9=54÷2-9$
$=27-9=18$

05 (1) 지구에서 잰 무게는 달에서 잰 무게의 6배입
니다.
$⇨ ◇×6=△$
달에서 잰 무게는 지구에서 잰 무게를 6으로
나눈 몫입니다.
$⇨ △÷6=◇$

(2) 지구에서 잰 무게는 수성에서 잰 무게의 3배
입니다.
$⇨ ☆×3=△$
수성에서 잰 무게는 지구에서 잰 무게를 3으
로 나눈 몫입니다.
$⇨ △÷3=☆$

(3) 지구에서 잰 무게는 달에서 잰 무게의 6배이
므로 지구에서 잰 무게는 $9×6=54$ (kg)입
니다.
수성에서 잰 무게는 지구에서 잰 무게를 3으
로 나눈 몫이므로 수성에서 잰 무게는
$54÷3=18$ (kg)입니다.

06 런던의 시각은 상파울루의 시각보다 3시간 빠릅니다. 런던의 시각을 ▲, 상파울루의 시각을 ★이라고 할 때, 두 양 사이의 대응 관계를 식으로 나타내면 ▲－3＝★입니다.
따라서 상파울루에서 영화를 개봉한 시각은
오후 5시－3시간＝오후 2시입니다.

07

오각형의 수(개)	1	2	3	4	…
성냥개비의 수(개)	5	9	13	17	…

오각형의 수를 ■, 성냥개비의 수를 ●라고 할 때, 두 양 사이의 대응 관계를 식으로 나타내면
■×4＋1＝●입니다.
따라서 ■×4＋1＝133, ■×4＝132, ■＝33
이므로 만들 수 있는 오각형은 33개입니다.

2주 1일

개념 돌파 전략 1 ┃ 확인 문제 **34～37쪽**

01 (1) 36 cm (2) 30 cm (3) 28 cm
02 70 m **03** 나, 가, 다
04 60 cm² **05** ㉡
06 90 cm² **07** 15
08 60 cm²
09 예)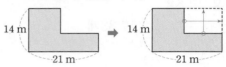
10 240 cm² **11** 16
12 105 cm² **13** 6 cm
14 108 cm²

01 (1) (직사각형의 둘레)＝((가로)＋(세로))×2
　　　　　　　＝(12＋6)×2＝36 (cm)

(2) (평행사변형의 둘레)
　　＝((한 변의 길이)＋(다른 한 변의 길이))×2
　　＝(10＋5)×2＝30 (cm)
(3) (마름모의 둘레)＝(한 변의 길이)×4
　　　　　　　＝7×4＝28 (cm)

02 도형의 변을 옮기면 다음과 같은 직사각형 모양으로 만들 수 있습니다.

14 m ┐ 21 m ➡ 14 m ┐ 21 m

(도형의 둘레)＝(가로가 21 m, 세로가 14 m인
　　　　　　　　직사각형의 둘레)
　　　　＝(21＋14)×2＝70 (m)

03 도형 가는 1 cm²가 7개이므로 7 cm²,
도형 나는 1 cm² 가 10개이므로 10 cm²,
도형 다는 1 cm²가 6개이므로 6 cm²입니다.
⇨ 10＞7＞6이므로 넓이가 넓은 것부터 차례로
쓰면 나, 가, 다입니다.

04 (직사각형의 넓이)＝(가로)×(세로)
　　　　　　　＝4×15＝60 (cm²)

05 ㉠ 50000 cm²＝5 m², ㉡ 40000000 m²,
㉢ 8 km²＝8000000 m²
⇨ 40000000＞8000000＞5이므로 넓이가 가장
넓은 것의 기호는 ㉡입니다.

06 (평행사변형의 넓이)＝(밑변의 길이)×(높이)
　　　　　　　＝10×9＝90 (cm²)

07 (밑변의 길이)＝(평행사변형의 넓이)÷(높이)
　　　　　　　＝105÷7＝15 (cm)

08 (삼각형의 넓이)=(밑변의 길이)×(높이)÷2
$$=12×10÷2=60 \text{ (cm}^2)$$

09 (삼각형의 넓이)=(밑변의 길이)×(높이)÷2이
므로 (밑변의 길이)×(높이)÷2=10,
(밑변의 길이)×(높이)=20인 서로 다른 모양의
삼각형을 2개 그립니다.

10 (마름모의 넓이)
=(한 대각선의 길이)×(다른 대각선의 길이)÷2
$$=20×24÷2=240 \text{ (cm}^2)$$

11 (한 대각선의 길이)
=(마름모의 넓이)×2÷(다른 대각선의 길이)
$$=80×2÷10=16 \text{ (cm)}$$

12 (사다리꼴의 넓이)
=((윗변의 길이)+(아랫변의 길이))×(높이)÷2
$$=(10+20)×7÷2=105 \text{ (cm}^2)$$

13 (높이)=(넓이)×2
÷((윗변의 길이)+(아랫변의 길이))
$$=57×2÷(7+12)=6 \text{ (cm)}$$

14 도형을 사다리꼴과 삼각형으로 나눌 수 있습니다.

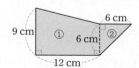

① (사다리꼴의 넓이)=(6+9)×12÷2
$$=90 \text{ (cm}^2)$$
② (삼각형의 넓이)=6×6÷2=18 (cm²)
⇨ (도형의 넓이)
=(사다리꼴의 넓이)+(삼각형의 넓이)
$$=90+18=108 \text{ (cm}^2)$$

개념 돌파 전략 **2**   38~39쪽

01 48 cm   **02** ㉡
03 292 cm²   **04** 7
05 ㉠   **06** 12 cm

01 (정팔각형의 둘레)=(한 변의 길이)×8
$$=6×8=48 \text{ (cm)}$$

02 ㉠ (직사각형의 둘레)=(6+12)×2=36 (cm)
㉡ (마름모의 둘레)=10×4=40 (cm)
따라서 둘레가 더 긴 사각형은 ㉡입니다.

03 (가의 넓이)=10×16=160 (cm²)
(나의 넓이)=6×22=132 (cm²)
⇨ (두 평행사변형의 넓이의 합)=160+132
$$=292 \text{ (cm}^2)$$

04 삼각형의 넓이가 42 cm²이므로
12×□÷2=42, 12×□=84, □=7입니다.

05 (한 대각선의 길이)
=(마름모의 넓이)×2÷(다른 대각선의 길이)
㉠ 다른 대각선의 길이를 □ cm라 하면
□=60×2÷4=30
⇨ (두 대각선의 길이의 합)=4+30
$$=34 \text{ (cm)}$$
㉡ 다른 대각선의 길이를 □ cm라 하면
□=70×2÷10=14
⇨ (두 대각선의 길이의 합)=10+14
$$=24 \text{ (cm)}$$
따라서 두 대각선의 길이의 합이 더 긴 마름모는
㉠입니다.

06 (평행사변형의 넓이)$=12 \times 9 = 108$ (cm^2)
(사다리꼴의 높이)
$=$(넓이)$\times 2 \div$((윗변의 길이)$+$(아랫변의 길이))
$=108 \times 2 \div (7+11)$
$=12$ (cm)

2주 2일

필수 체크 전략 1   **40~43쪽**

1-1 4 cm	**1-2** 5 cm
2-1 9	**2-2** 11
3-1 1830 cm^2	
4-1 153 cm^2	**4-2** 190 cm^2
5-1 14	**5-2** 14
6-1 154 cm^2	**6-2** 276 cm^2
7-1 189 cm^2	**7-2** 294 cm^2
8-1 15 cm	

1-1 (정육각형의 둘레)$=$(한 변의 길이)$\times 6$이므로
정육각형의 한 변의 길이를 ☐ cm라 하면
☐$\times 6 = 24$, ☐$=4$입니다.
따라서 둘레가 24 cm인 정육각형의 한 변의 길
이는 4 cm입니다.

1-2 (정칠각형의 둘레)$=$(한 변의 길이)$\times 7$이므로
정칠각형의 한 변의 길이를 ☐ cm라 하면
☐$\times 7 = 35$, ☐$=5$입니다.
따라서 둘레가 35 cm인 정칠각형의 한 변의 길
이는 5 cm입니다.

2-1 (직사각형의 둘레)$=$((가로)$+$(세로))$\times 2$이므로
$(5+$☐$)\times 2 = 28$, $5+$☐$=14$, ☐$=9$입니다.

2-2 (직사각형의 둘레)$=$((가로)$+$(세로))$\times 2$이므로
(☐$+5)\times 2 = 32$, ☐$+5 = 16$, ☐$=11$입니다.

3-1 색칠한 부분을 모으면 다음과 같이 가로가 61 cm,
세로가 30 cm인 직사각형으로 만들 수 있습니다.

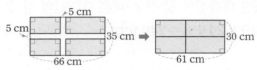

⇨ (색칠한 부분의 넓이)$=$(직사각형의 넓이)
$=61 \times 30$
$=1830$ (cm^2)

4-1 (직사각형의 가로)$=12+5 = 17$ (cm)
(직사각형의 세로)$=12-3 = 9$ (cm)
⇨ (직사각형의 넓이)$=17 \times 9 = 153$ (cm^2)

4-2 (직사각형의 가로)$=15+4 = 19$ (cm)
(직사각형의 세로)$=15-5 = 10$ (cm)
⇨ (직사각형의 넓이)$=19 \times 10 = 190$ (cm^2)

5-1 (삼각형의 넓이)$=10 \times 7 \div 2 = 35$ (cm^2)
높이가 5 cm일 때 밑변의 길이는 ☐ cm이므로
☐$\times 5 \div 2 = 35$, ☐$\times 5 = 70$, ☐$=14$입니다.

5-2 (삼각형의 넓이)$=21 \times 8 \div 2 = 84$ (cm^2)
밑변의 길이가 12 cm일 때 높이는 ☐ cm이므로
$12 \times$☐$\div 2 = 84$, $12 \times$☐$=168$, ☐$=14$입니다.

6-1 선분 ㄴㄷ의 길이를 □ cm라 하면
$$□×7÷2=42, □×7=84, □=12입니다.$$
따라서 평행사변형 ㄱㄴㄹㅂ의 넓이는
$$(12+10)×7=154 (cm^2)입니다.$$

6-2 선분 ㄴㄷ의 길이를 □ cm라 하면
$$□×12÷2=108, □×12=216, □=18입$$
니다.
따라서 평행사변형 ㄱㄴㄹㅂ의 넓이는
$$(18+5)×12=276 (cm^2)입니다.$$

7-1 (마름모 1개의 넓이)$=18×12÷2=108 (cm^2)$
(겹쳐진 부분의 넓이)$=$(마름모 1개의 넓이)$÷4$
$$=108÷4=27 (cm^2)$$
⇨ (도형의 넓이)
$=$(마름모 2개의 넓이)$-$(겹쳐진 부분의 넓이)
$$=108×2-27=189 (cm^2)$$

7-2 (마름모 1개의 넓이)$=24×14÷2=168 (cm^2)$
(겹쳐진 부분의 넓이)$=$(마름모 1개의 넓이)$÷4$
$$=168÷4=42 (cm^2)$$
⇨ (도형의 넓이)
$=$(마름모 2개의 넓이)$-$(겹쳐진 부분의 넓이)
$$=168×2-42=294 (cm^2)$$

8-1 (삼각형 ㄹㄷㅁ의 넓이)$=6×10÷2$
$$=30 (cm^2)$$
사다리꼴 ㄱㄴㄷㄹ의 넓이는 삼각형 ㄹㄷㅁ의
넓이의 4배이므로 $30×4=120 (cm^2)$입니다.
선분 ㄴㄷ의 길이를 □ cm라 하면
$$(9+□)×10÷2=120, (9+□)×10=240,$$
$$9+□=24, □=15입니다.$$
따라서 선분 ㄴㄷ의 길이는 15 cm입니다.

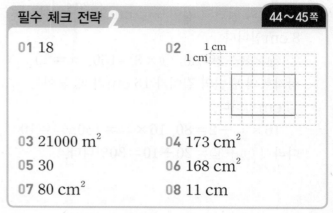

01 18
02
03 21000 m²
04 173 cm²
05 30
06 168 cm²
07 80 cm²
08 11 cm

01 (정구각형의 둘레)$=$(한 변의 길이)$×9$
$$=8×9=72 (cm)$$
정사각형의 둘레도 72 cm이고
$$□×4=72, □=18입니다.$$

02 직사각형의 가로는 6 cm이고 세로를 □ cm라
하면 $(6+□)×2=20, 6+□=10, □=4$입
니다. 따라서 가로 6 cm, 세로 4 cm인 직사각형
을 그립니다.

03 길을 제외한 잔디밭을 모으면
가로가 $210-10=200 (m)$,
세로가 $110-5=105 (m)$인 직사각형이 됩니다.
따라서 길을 제외한 잔디밭의 넓이는
$$200×105=21000 (m^2)입니다.$$

04 ㉠ (직사각형의 가로)$=7+6=13 (cm)$
(직사각형의 세로)$=7-3=4 (cm)$
⇨ (직사각형의 넓이)$=13×4=52 (cm^2)$
㉡ (처음 정사각형의 한 변의 길이)
$$=68÷4=17 (cm)$$
(만든 정사각형의 한 변의 길이)
$$=17-2=15 (cm)$$
⇨ (만든 정사각형의 넓이)$=15×15$
$$=225 (cm^2)$$
따라서 두 사각형의 넓이의 차는
$$225-52=173 (cm^2)입니다.$$

05 삼각형의 밑변의 길이가 ㉠ cm일 때 높이는
8 cm입니다.
$\Rightarrow$ ㉠$\times 8\div 2=80$, ㉠$\times 8=160$, ㉠$=20$
삼각형의 밑변의 길이가 16 cm일 때 높이는
㉡ cm입니다.
$\Rightarrow$ $16\times$㉡$\div 2=80$, $16\times$㉡$=160$, ㉡$=10$
따라서 ㉠$+$㉡$=20+10=30$입니다.

06 삼각형 ㄱㄴㄷ의 밑변의 길이가 6 cm일 때
(삼각형 ㄱㄴㄷ의 높이)
$=$(평행사변형 ㄱㄴㄹㅁ의 높이)이므로
삼각형 ㄱㄴㄷ의 높이를 $\square$ cm라 하면
$6\times\square\div 2=36$, $6\times\square=72$, $\square=12$입니다.
$\Rightarrow$ (평행사변형 ㄱㄴㄹㅁ의 넓이)
$\qquad=(6+8)\times 12=168\ (\text{cm}^2)$

07 정사각형은 마름모이고,
(정사각형의 한 대각선의 길이)
$=$(원의 반지름)$=8$ cm입니다.
(정사각형 한 개의 넓이)$=8\times 8\div 2=32\ (\text{cm}^2)$
(겹쳐진 부분 한 군데의 넓이)
$=$(정사각형 한 개의 넓이)$\div 4$
$=32\div 4=8\ (\text{cm}^2)$
$\Rightarrow$ (색칠한 부분의 넓이)
$\qquad=$(정사각형 3개의 넓이)
$\qquad\quad-$(겹쳐진 부분 2군데의 넓이)
$\qquad=32\times 3-8\times 2$
$\qquad=96-16=80\ (\text{cm}^2)$

08 (사다리꼴 ㄱㄴㄹㅁ의 넓이)
$=$(삼각형 ㄱㄴㄷ의 넓이)$\times 6$
$=5\times 12\div 2\times 6=180\ (\text{cm}^2)$
변 ㄱㅁ의 길이를 $\square$ cm라 하면
$(\square+19)\times 12\div 2=180$, $(\square+19)\times 12=360$,
$\square+19=30$, $\square=11$입니다.
따라서 변 ㄱㅁ의 길이는 11 cm입니다.

2주 3일

필수 체크 전략 1 46~49쪽

1-1 70 cm	1-2 48 cm
2-1 15 cm	2-2 24 cm
3-1 32 cm	3-2 48 cm

4-1 예

4-2 예

5-1 295 cm^2	
6-1 22 m^2	6-2 110 m^2
7-1 8 cm^2	7-2 36 cm^2
8-1 5 cm	

1-1 (직사각형의 가로)$=60\div 4=15\ (\text{cm})$
(직사각형의 세로)$=60\div 3=20\ (\text{cm})$
$\Rightarrow$ (직사각형의 둘레)$=(15+20)\times 2$
$\qquad\qquad\qquad\qquad=70\ (\text{cm})$

1-2 (직사각형의 가로)$=45\div 5=9\ (\text{cm})$
(직사각형의 세로)$=45\div 3=15\ (\text{cm})$
$\Rightarrow$ (직사각형의 둘레)$=(9+15)\times 2=48\ (\text{cm})$

2-1 (직사각형의 둘레)＝(정팔각형의 둘레)

$=9\times8=72\ (\text{cm})$

직사각형의 세로를 □ cm라 하면

$(21+\square)\times2=72$, $21+\square=36$, □＝15입니다.

2-2 (직사각형의 둘레)＝(정육각형의 둘레)

$=11\times6=66\ (\text{cm})$

직사각형의 가로를 □ cm라 하면

$(\square+9)\times2=66$, $\square+9=33$, □＝24입니다.

3-1 (정사각형의 넓이)＝(직사각형의 넓이)

$=4\times16=64\ (\text{cm}^2)$

정사각형의 한 변의 길이를 □ cm라 하면

$\square\times\square=64$, □＝8입니다.

⇨ (정사각형의 둘레)＝$8\times4=32\ (\text{cm})$

3-2 (정사각형의 넓이)＝(평행사변형의 넓이)

$=18\times8=144\ (\text{cm}^2)$

정사각형의 한 변의 길이를 □ cm라 하면

$\square\times\square=144$, □＝12입니다.

⇨ (정사각형의 둘레)＝$12\times4=48\ (\text{cm})$

4-1 직사각형의 둘레가 18 cm이고 넓이가 18 cm²

이므로 (가로)＋(세로)＝$18\div2=9\ (\text{cm})$,

(가로)×(세로)＝18 (cm²)입니다.

$6+3=9$, $6\times3=18$이므로 가로 6 cm, 세로

3 cm 또는 가로 3 cm, 세로 6 cm인 직사각형

을 그립니다.

4-2 직사각형의 둘레가 24 cm이고 넓이가 35 cm²

이므로 (가로)＋(세로)＝$24\div2=12\ (\text{cm})$,

(가로)×(세로)＝35 (cm²)입니다.

$7+5=12$, $7\times5=35$이므로 가로 7 cm, 세로

5 cm 또는 가로 5 cm, 세로 7 cm인 직사각형

을 그립니다.

5-1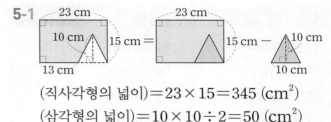

(직사각형의 넓이)＝$23\times15=345\ (\text{cm}^2)$

(삼각형의 넓이)＝$10\times10\div2=50\ (\text{cm}^2)$

⇨ (색칠한 도형의 넓이)

$=$(직사각형의 넓이)－(삼각형의 넓이)

$=345-50=295\ (\text{cm}^2)$

6-1 변 ㄴㄷ을 밑변으로 할 때 높이를 □ m라 하면

$9\times\square\div2=18$, $9\times\square=36$, □＝4입니다.

⇨ (삼각형 ㄱㄴㄷ의 넓이)＝$(9+2)\times4\div2$

$=22\ (\text{m}^2)$

6-2 변 ㄴㄷ을 밑변으로 할 때 높이를 □ m라 하면

$7\times\square\div2=35$, $7\times\square=70$, □＝10이다.

⇨ (삼각형 ㄱㄴㄷ의 넓이)＝$(7+15)\times10\div2$

$=110\ (\text{m}^2)$

7-1 (마름모의 한 대각선의 길이)＝(원의 지름)

$=8\ \text{cm}$

(마름모의 넓이)＝$8\times8\div2=32\ (\text{cm}^2)$

(색칠한 부분의 넓이)＝(마름모의 넓이)÷4

$=32\div4=8\ (\text{cm}^2)$

7-2 (마름모의 한 대각선의 길이)＝(원의 지름)

$=24\ \text{cm}$

(마름모의 넓이)＝$24\times24\div2=288\ (\text{cm}^2)$

(색칠한 부분의 넓이)＝(마름모의 넓이)÷8

$=288\div8=36\ (\text{cm}^2)$

8-1 선분 ㄴㄷ의 길이를 □ cm라 하면

$(12+20)\times\square\div2=192$, $32\times\square=384$,

□＝12입니다.

⇨ (사다리꼴 ㅁㅂㄷㄹ의 높이)

$=$(선분 ㅂㄷ의 길이)＝$12-7=5\ (\text{cm})$

정답과 풀이

필수 체크 전략 2 50~51쪽

01 30장	02 20 cm
03 82 cm	04 12 cm^2
05 74 cm^2	06 132 cm^2
07 32 cm^2	08 76 m

01 2 m=200 cm, 3 m=300 cm입니다.
200÷40=5, 300÷50=6이므로 벽의 가로는 5장, 세로는 6장의 벽지로 나누어집니다.
따라서 필요한 벽지는 5×6=30(장)입니다.

02 (종이끈의 길이)=(정오각형의 둘레)
　　　　　　　　=12×5=60 (cm)
종이끈으로 만든 직사각형의 세로를 □ cm라 하면 가로는 (□+□) cm입니다.
(가로)+(세로)=(□+□)+□=□×3이므로
(직사각형의 둘레)=(□×3)×2=60,
□×3=30, □=10입니다.
⇨ (직사각형의 가로)=10×2=20 (cm)

03 (사다리꼴의 넓이)=(18+32)×16÷2
　　　　　　　　=400 (cm^2)
직사각형의 넓이도 400 cm^{2}이므로 세로를 ■ cm라 하면 25×■=400, ■=16입니다.
⇨ (직사각형의 둘레)=(25+16)×2=82 (cm)

04 직사각형의 둘레가 14 cm이므로
(가로)+(세로)=14÷2=7 (cm)입니다.
(가로)+(세로)=7 cm가 되는 경우를 표로 나타내면 다음과 같습니다.

가로(cm)	1	2	3	4	5	6
세로(cm)	6	5	4	3	2	1
넓이(cm^2)	6	10	12	12	10	6

따라서 둘레가 14 cm인 직사각형 중 넓이가 가장 넓은 직사각형의 넓이는 12 cm^{2}입니다.

05 잘라낸 부분은 밑변의 길이가 10 cm, 높이가 2 cm인 삼각형 모양입니다.
(색종이의 원래 넓이)=14×6=84 (cm^2)
(잘라낸 부분의 넓이)=10×2÷2=10 (cm^2)
⇨ (남은 색종이의 넓이)
　=(원래 넓이)-(잘라낸 부분의 넓이)
　=84-10=74 (cm^2)

06 나의 높이를 □ cm라 하면
(6+2)×□÷2=48, 8×□=96, □=12입니다.
따라서 (가의 넓이)=7×12÷2=42 (cm^2)이고 다의 넓이도 42 cm^{2}입니다.
⇨ (사다리꼴 ㄱㄴㄷㄹ의 넓이)
　=(가의 넓이)+(나의 넓이)+(다의 넓이)
　=42+48+42=132 (cm^2)

07 사각형 ㄱㄴㄷㄹ의 한 변의 길이를 □ cm라 하면 □×□=64, □=8입니다.
(사각형 ㄱㄴㄷㄹ의 한 변의 길이)
=(원의 지름)
=(사각형 ㅁㅂㅅㅇ의 한 대각선의 길이)
=8 cm
⇨ (사각형 ㅁㅂㅅㅇ의 넓이)=8×8÷2
　　　　　　　　=32 (cm^2)

08 사다리꼴과 평행사변형의 높이가 같고 사다리꼴의 넓이가 평행사변형의 넓이의 5배이므로 선분 ㅂㄷ의 길이를 □ m라 하면
(64+□)×(높이)÷2=14×(높이)×5,
(64+□)÷2=14×5,
64+□=14×5×2=140, □=76입니다.

01 (정오각형의 둘레)=(한 변의 길이)×5

$\qquad$ =24×5=120 (cm)

두 도형의 둘레가 같으므로

(□+28)×2=120, □+28=60, □=32입니다.

02 둘레에 포함되는 정사각형의 한 변의 수는 모두 12개입니다.

따라서 도형의 둘레는 3×12=36 (cm)입니다.

03 ㉠ 세로를 □ m라 하면 (5+□)×2=26,

5+□=13, □=8입니다.

$\Rightarrow$ (직사각형의 넓이)=5×8=40 (m²)

㉡ (정사각형의 한 변의 길이)

=(둘레)÷4=24÷4=6 (m)

$\Rightarrow$ (정사각형의 넓이)=6×6=36 (m²)

따라서 넓이의 차는 40-36=4 (m²)입니다.

04 색칠한 부분을 모으면 다음과 같이 가로가 16 cm, 세로가 10 cm인 직사각형으로 만들 수 있습니다.

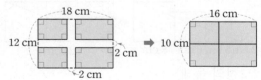

$\Rightarrow$ (색칠한 부분의 넓이)

=(직사각형의 넓이)

=16×10=160 (cm²)

05 (직사각형의 넓이)=10×6=60 (cm²)

평행사변형의 넓이도 60 cm²이므로

□×12=60, □=5입니다.

06 (삼각형의 넓이)=22×8÷2=88 (cm²)

변 ㄱㄴ의 길이를 □ cm라 하면

□×11÷2=88, □×11=176, □=16입니다.

따라서 변 ㄱㄴ의 길이는 16 cm입니다.

07 도형을 오른쪽과 같이 직사각형과 삼각형으로 나누어 넓이를 구해 봅니다.

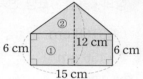

① (직사각형의 넓이)

=15×6=90 (cm²)

② (삼각형의넓이)

=15×(12-6)÷2=45 (cm²)

$\Rightarrow$ (도형의 넓이)

=(직사각형의 넓이)+(삼각형의 넓이)

=90+45=135 (cm²)

08 ①, ②, ③, ⑤는 두 대각선의 길이의 곱이 같고 넓이는 40 cm²입니다.

④의 넓이는 18×3÷2=27(cm²)입니다.

09 사각형 ㄱㄴㄷㄹ은 두 대각선의 길이가 각각 24 cm, 16 cm인 마름모이므로 넓이는 24×16÷2=192 (cm²)입니다.

사각형 ㄱㅁㄷㅂ은 두 대각선의 길이가 각각 6 cm, 16 cm인 마름모이므로 넓이는 6×16÷2=48 (cm²)입니다.

$\Rightarrow$ (색칠한 부분의 넓이)

=(사각형 ㄱㄴㄷㄹ의 넓이)

-(사각형 ㄱㅁㄷㅂ의 넓이)

=192-48=144 (cm²)

10 선분 ㄱㄹ의 길이를 □ cm라 하면
$(□+5) \times 4 \div 2 = 30$, $(□+5) \times 4 = 60$,
$□+5 = 15$, $□ = 10$입니다.
⇨ (선분 ㅁㄹ의 길이)$=10-3=7$ (cm)

창의·융합·코딩 전략　54~57쪽

01 3168 cm² 　　　**02** 16 m
03 456 cm² 　　　**04** 6300 cm²
05 1024 cm² 　　**06** 3
07 (1) 58 cm　(2) 129 cm²　(3) 84 cm²　(4) 45 cm²

---

01 빨간색 부분을 모으면 가로가 66 cm, 세로가 48 cm인 직사각형이 만들어집니다.
⇨ (빨간색 부분의 넓이)=(직사각형의 넓이)
$$=66 \times 48$$
$$=3168 \text{ (cm}^2)$$

02 (주차장의 가로)
$$=(주차 구역 한 칸의 가로) \times 7 + 6 \text{ m} = 27 \text{ m}$$
⇨ (주차 구역 한 칸의 가로)$=3$ m
(주차장의 세로)
$$=(주차 구역 한 칸의 세로) \times 2 + 4 \text{ m} = 14 \text{ m}$$
⇨ (주차 구역 한 칸의 세로)$=5$ m
따라서 주차 구역 한 칸의 둘레는
$(3+5) \times 2 = 16$ (m)입니다.

03 사다리꼴의 높이는 24 cm이고 아랫변의 길이가 24 cm일 때 윗변의 길이는
$24-(2+8)=14$ (cm)입니다.
⇨ (사다리꼴의 넓이)$=(14+24) \times 24 \div 2$
$$=456 \text{ (cm}^2)$$

04 과속 방지 턱 속 삼각형과 평행사변형은 밑변의 길이와 높이가 모두 같습니다.
따라서 평행사변형의 밑변의 길이는
$210 \div 6 = 35$ (cm), 높이는 60 cm입니다.
⇨ (색칠한 부분의 넓이)
$$=(평행사변형 3개의 넓이)$$
$$=(35 \times 60) \times 3 = 6300 \text{ (cm}^2)$$

05 (빨간색 정사각형의 한 변의 길이)
=(파란색 정사각형의 한 변의 길이)=8 cm
초록색 정사각형의 한 변의 길이를 ■ cm라 하면
(빨간색과 초록색으로 색칠한 부분의 둘레)
=(가로가 (■+8) cm, 세로가 ■ cm인 직사각형의 둘레)입니다.
따라서 $((■+8)+■) \times 2 = 112$,
$(■+8)+■ = 56$, $■+■ = 48$, $■ = 24$입니다.
⇨ (도화지의 넓이)=(한 변의 길이가 32 cm인 정사각형의 넓이)
$$=32 \times 32 = 1024 \text{ (cm}^2)$$

06 (해가 움직이기 전의 삼각형의 넓이)
$$=8 \times 12 \div 2 = 48 \text{ (m}^2)$$
⇨ $16 \times ㉠ \div 2 = 48$, $16 \times ㉠ = 96$, $㉠ = 6$
(해가 움직인 후의 삼각형의 넓이)
$$=15 \times 12 \div 2 = 90 \text{ (m}^2)$$
⇨ $20 \times ㉡ \div 2 = 90$, $20 \times ㉡ = 180$, $㉡ = 9$
따라서 ㉠과 ㉡의 차는 $9-6=3$입니다.

07 (1)

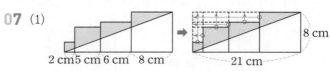

(도형의 둘레)
=(가로가 21 cm, 세로가 8 cm인 직사각형의 둘레)
$$=(21+8) \times 2 = 58 \text{ (cm)}$$

(2) 도형의 넓이는 정사각형 4개의 넓이와 같습니다.

⇨ (도형의 넓이)
$$=(2\times2)+(5\times5)+(6\times6)+(8\times8)$$
$$=4+25+36+64=129\ (\text{cm}^2)$$

(3) 색칠하지 않은 부분은 밑변의 길이가 21 cm, 높이가 8 cm인 삼각형입니다.

⇨ (색칠하지 않은 부분의 넓이)
$$=21\times8\div2=84\ (\text{cm}^2)$$

(4) (색칠한 부분의 넓이)
$$=(\text{도형의 넓이})-(\text{색칠하지 않은 부분의 넓이})$$
$$=129-84=45\ (\text{cm}^2)$$

신유형·신경향·서술형 전략   60~63쪽

01 48 km	02 25 ℃
03 6개	04 15
05 36 cm	06 216 cm^2
07 14 cm^2	08 360 m^2

01 갔던 길을 되돌아 숙소로 왔으므로 전체 이동한 거리는 (숙소~첨성대~다보탑~석굴암) 거리의 2배입니다.

⇨ (경재가 이동한 거리)
$$=(2+14+8)\times2=(16+8)\times2$$
$$\qquad\underbrace{\qquad}_{①}$$
$$\underbrace{\qquad\qquad}_{②}=24\times2$$
$$\underbrace{\qquad\qquad\qquad}_{③}=48\ (\text{km})$$

---

02 섭씨를 C, 화씨를 F라 하면
C=(F−32)×10÷18이고 그림 속 화씨 온도계의 눈금은 77 ℉를 나타내고 있습니다.

⇨ $(77-32)\times10\div18=45\times10\div18$
$$\underbrace{\qquad}_{①}\qquad\qquad=450\div18$$
$$\underbrace{\qquad\qquad}_{②}\qquad=25\ (℃)$$
$$\underbrace{\qquad\qquad\qquad}_{③}$$

03

추의 수(개)	1	2	3	4	…
용수철의 길이(cm)	18	21	24	27	…

매단 추의 수가 1개씩 늘어날 때 용수철의 길이는 3 cm씩 늘어납니다. 매단 추의 수를 ★, 용수철의 길이를 ▲라고 할 때, 두 양 사이의 대응 관계를 식으로 나타내면 ★×3+15=▲입니다.
용수철의 길이가 33 cm일 때 ★×3+15=33, ★×3=18, ★=6이므로 매단 추는 모두 6개입니다.

04 ◇ 안의 수에서 3을 빼면 ○ 안의 수가 되고, ○ 안의 수를 4배 하면 ▢ 안의 수가 됩니다.

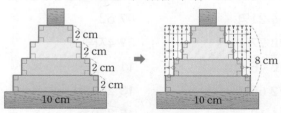

⇨ ㉠+㉡÷㉢−㉢=24+28÷4−16=15

05 빨간색 굵은 선으로 둘러싸인 도형의 변의 위치를 옮겨서 다음과 같이 가로가 10 cm, 세로가 8 cm인 직사각형을 만들 수 있습니다.

⇨ (도형의 둘레)=(직사각형의 둘레)
$$=(10+8)\times2=36\ (\text{cm})$$

06

배열 순서	1	2	3	4	…
밑변의 길이(cm)	4	8	12	16	…
높이(cm)	3	6	9	12	…

배열 순서가 1씩 커질 때 모양의 밑변의 길이는 4 cm씩, 높이는 3 cm씩 늘어납니다. 따라서 6째에 놓이는 모양은 밑변의 길이가 $4 \times 6 = 24$ (cm), 높이가 $3 \times 6 = 18$ (cm)인 삼각형입니다.

⇨ (6째 모양의 넓이)$= 24 \times 18 \div 2 = 216$ (cm^2)

07 ①은 밑변의 길이와 높이가 모두 4 cm인 삼각형, (③+⑥)은 윗변의 길이가 2 cm, 아랫변의 길이가 4 cm, 높이가 2 cm인 사다리꼴입니다.

①의 넓이: $4 \times 4 \div 2 = 8$ (cm^2)

(③+⑥)의 넓이: $(2+4) \times 2 \div 2 = 6$ (cm^2)

⇨ (조각의 넓이)
  = (①의 넓이) + ((③+⑥)의 넓이)
  $= 8 + 6 = 14$ (cm^2)

08 큰 마름모의 두 대각선의 길이: 40 m, 24 m

(큰 마름모의 넓이)$= 40 \times 24 \div 2 = 480$ (m^2)

(호수의 넓이)$= 20 \times 12 \div 2 = 120$ (m^2)

⇨ (호수를 제외한 나머지 정원의 넓이)
  = (큰 마름모의 넓이) − (호수의 넓이)
  $= 480 - 120 = 360$ (m^2)

고난도 해결 전략 1회 `64~67쪽`

01 21	**02** 36
03 $42 + 48 \div (6-2) = 54$	
04 2037년	**05** 44
06 21명	**07** 52
08 7개	**09** 4자루
10 46 cm	**11** −, ÷, +, ×
12 65분	**13** 26 cm
14 12	**15** 370 g
16 흰색, 284개	

01

$$36 - 90 \div (6+12) \times 7 = 36 - 90 \div 18 \times 7$$
$$= 36 - 5 \times 7$$
$$= 36 - 35$$
$$= 1$$

⇨ $1 < \square$

$$(63-31) \div 4 + 2 \times 6 = 32 \div 4 + 2 \times 6$$
$$= 8 + 2 \times 6$$
$$= 8 + 12$$
$$= 20$$

⇨ $\square < 20$

$1 < \square < 20$이므로 $\square$ 안에 들어갈 수 있는 가장 큰 자연수는 19, 가장 작은 자연수는 2입니다.

따라서 $\square$ 안에 들어갈 수 있는 자연수 중 가장 큰 수와 가장 작은 수의 합은 $19 + 2 = 21$입니다.

02 요술 상자에 넣은 수를 ■, 바뀌어 나온 수를 ★이라고 할 때, 두 양 사이의 대응 관계를 식으로 나타내면 ■+14=★입니다.

★=50일 때 ■+14=50, ■=36이므로 요술 상자에 넣었을 때 50이 나오는 수는 36입니다.

03 $42 + 48 \div 6 - 2 = 42 + 8 - 2 = 50 - 2 = 48$이고 $42 + (48 \div 6) - 2$, $(42 + 48 \div 6) - 2$는 계산 순서가 바뀌지 않으므로 계산 결과도 48입니다.

$(42+48) \div 6 - 2 = 90 \div 6 - 2$
$$= 15 - 2 = 13 \ (\times)$$

$42 + 48 \div (6-2) = 42 + 48 \div 4$
$$= 42 + 12 = 54 \ (\bigcirc)$$

$42 + (48 \div 6 - 2) = 42 + (8-2)$
$$= 42 + 6 = 48 \ (\times)$$

04 (경호의 나이)+2012=(연도)이므로 경호가 25살이 되는 해는 $25 + 2012 = 2037$(년)입니다.

05 $8\odot4=4\times5-8=20-8=12$

$\Rightarrow 5\blacklozenge(8\odot4)=5\blacklozenge12$
$=(5+12)\times3-7$
$=17\times3-7$
$=51-7=44$

06 나희네 반 학생들의 동물원 입장료는
$90000-6000=84000$(원)입니다.
입장객의 수를 △, 입장료를 ○라고 할 때, 두 양
사이의 대응 관계를 식으로 나타내면
○$\div4000=$△입니다. ○$=84000$일 때
△$=84000\div4000=21$이므로 나희네 반 학생
들은 모두 21명입니다.

07 어떤 수를 □라 하면
잘못 계산한 식: $25\times□-4=296,$
$\qquad\qquad\quad 25\times□=300, □=12$
바르게 계산한 식: $(25-12)\times4=13\times4=52$
따라서 바르게 계산한 값은 52입니다.

08

탁자의 수(개)	1	2	3	4	…
의자의 수(개)	6	10	14	18	…

탁자의 수를 △, 의자의 수를 □라고 할 때 두 양
사이의 대응 관계를 식으로 나타내면
△$\times4+2=$□입니다.
△$\times4+2=30,$ △$\times4=28,$ △$=7$이므로 의자
30개를 놓으려면 탁자는 7개 필요합니다.

09 준희가 산 연필의 수를 □ 자루라고 하면
$10000-(900\times5+400\times3+800\times□)=1100,$
$900\times5+400\times3+800\times□=8900,$
$4500+1200+800\times□=8900,$
$5700+800\times□=8900, 800\times□=3200,$
□$=4$입니다.
따라서 준희가 산 연필의 수는 4자루입니다.

10

이어 붙인 색 테이프의 수(장)	2	3	4	5	…
겹쳐진 부분(군데)	1	2	3	4	…

겹쳐진 부분의 수는 이어 붙인 색 테이프의 수보
다 1 작습니다.
따라서 색 테이프 9장을 이어 붙였을 때 겹쳐진
부분은 $9-1=8$(군데)입니다.
$\Rightarrow$ (전체 길이)$=6\times9-1\times8=46$ (cm)

11 $\div$가 들어갈 수 있는 곳은 $63\bigcirc7$이므로 남은 ○
안에 차례로 $+$, $-$, $\times$를 넣어 계산해 봅니다.
$82+63\div7-8\times5=82+9-8\times5$
$\qquad\qquad\qquad\quad =82+9-40$
$\qquad\qquad\qquad\quad =91-40=51\ (\times)$
$82+63\div7\times8-5=82+9\times8-5$
$\qquad\qquad\qquad\quad =82+72-5$
$\qquad\qquad\qquad\quad =154-5=149\ (\times)$
$82-63\div7+8\times5=82-9+8\times5$
$\qquad\qquad\qquad\quad =82-9+40$
$\qquad\qquad\qquad\quad =73+40=113\ (\bigcirc)$
$82-63\div7\times8+5=82-9\times8+5$
$\qquad\qquad\qquad\quad =82-72+5$
$\qquad\qquad\qquad\quad =10+5=15\ (\times)$
$82\times63\div7+8-5=5166\div7+8-5$
$\qquad\qquad\qquad\quad =738+8-5$
$\qquad\qquad\qquad\quad =746-5=741\ (\times)$
$82\times63\div7-8+5=5166\div7-8+5$
$\qquad\qquad\qquad\quad =738-8+5$
$\qquad\qquad\qquad\quad =730+5=735\ (\times)$

12

자른 횟수(번)	1	2	3	4	…
도막의 수(도막)	4	7	10	13	…

자른 횟수가 1번씩 늘어날 때 도막의 수는 3도막
씩 늘어납니다.
자른 횟수를 ■, 도막의 수를 ●라고 할 때,
두 양 사이의 대응 관계를 식으로 나타내면
■$\times3+1=$●입니다.

●=40일 때 ■×3+1=40, ■×3=39, ■=13이므로 40도막으로 자르기 위해선 13번 잘라야 하고 걸리는 시간은 13×5=65(분)입니다.

13 (72 cm인 색 테이프를 8등분 한 것 중의 세 도막의 길이)=72÷8×3

(55 cm인 색 테이프를 5등분 한 것 중의 한 도막의 길이)=55÷5

4도막을 이어 붙였으므로 겹쳐진 부분은 3군데이고 길이는 4×3=12 (cm)입니다.

⇨ (이어 붙인 색 테이프의 전체 길이)
=72÷8×3+55÷5−4×3
=9×3+55÷5−4×3
=27+55÷5−4×3
=27+11−4×3
=27+11−12
=38−12=26 (cm)

14 수민이가 답한 수는 재욱이가 말한 두 자리수의 각 자리의 수를 더한 수입니다.

13 → 1+3=4, 24 → 2+4=6

38 → 3+8=11, 10 → 1+0=1

⇨ 57 → 5+7=12

15 (사과 1개의 무게)
=((사과 21개를 담은 상자의 무게)
  −(사과 12개를 담은 상자의 무게))÷9
=(4150−2530)÷9=1620÷9=180 (g)

⇨ (빈 상자의 무게)
=(사과 12개를 넣은 상자의 무게)
  −(사과 12개의 무게)
=2530−180×12
=2530−2160=370 (g)

16 검은색 바둑돌은 1째에 1개, 나머지는 모두 3개씩 놓여 있습니다.

(검은색 바둑돌의 수)=1+3×19
                =1+57=58(개)

흰색 바둑돌은 3째부터 2개씩 늘어나며 20째까지 놓여 있습니다. 20째에 놓은 흰색 바둑돌은 2×18=36(개)입니다.

(흰색 바둑돌의 수)

=2+4+6+⋯+32+34+36

(흰색 바둑돌의 수)=38×9=342(개)

⇨ 흰색 바둑돌이 342−58=284(개) 더 많습니다.

고난도 해결 전략 2회 68~71쪽

01 12 cm	02 124 cm
03 25 cm	04 433 cm²
05 36 cm²	06 8 cm
07 8	08 142 cm²
09 240장	10 102 m²
11 14 cm	12 63 cm²
13 12 cm	14 250 cm²
15 164 cm	

01 (직사각형의 둘레)=(16+8)×2=48 (cm)

정사각형의 한 변의 길이를 ☐ cm라 하면

☐×4=48, ☐=12입니다.

따라서 정사각형의 한 변의 길이는 12 cm입니다.

02 작은 직사각형 6개를 이어 붙이면 가로가
$14 \times 3 = 42$ (cm), 세로가 $10 \times 2 = 20$ (cm)인
직사각형이 됩니다.
➡ (도형의 둘레)$=(42+20) \times 2 = 124$ (cm)

03 (종이끈의 길이)$=$(정육각형의 둘레)
$\qquad\qquad\qquad = 18 \times 6 = 108$ (cm)
종이끈으로 만든 직사각형의 가로를 □ cm라
하면 세로는 (□$+4$) cm이고
(직사각형의 둘레)$=(□+□+4) \times 2 = 108$,
□$+$□$+4=54$, □$+$□$=50$, □$=25$입니다.

04 ㉠ (처음 정사각형의 한 변의 길이)
$\qquad = 56 \div 4 = 14$ (cm)
(만든 정사각형의 한 변의 길이)
$\qquad = 14 + 3 = 17$ (cm)
$\qquad$ ➡ (만든 정사각형의 넓이)$=17 \times 17$
$\qquad\qquad\qquad\qquad\qquad = 289$ (cm²)
㉡ (만든 직사각형의 가로)$=11-2=9$ (cm)
$\quad$ (만든 직사각형의 세로)$=11+5=16$ (cm)
$\qquad$ ➡ (만든 직사각형의 넓이)$=9 \times 16$
$\qquad\qquad\qquad\qquad\qquad = 144$ (cm²)
따라서 새로 만든 두 사각형의 넓이의 합은
$289 + 144 = 433$ (cm²)입니다.

05 도형을 오른쪽과 같이 삼
각형과 사다리꼴로 나누
어 넓이를 구합니다.
① (삼각형의 넓이)
$\quad = 8 \times 3 \div 2$
$\quad = 12$ (cm²)
② (사다리꼴의 넓이)$=(8+4) \times 4 \div 2$
$\qquad\qquad\qquad\qquad = 24$ (cm²)
$\qquad$ ➡ (도형의 넓이)
$\qquad\quad =$ (삼각형의 넓이)$+$(사다리꼴의 넓이)
$\qquad\quad = 12 + 24 = 36$ (cm²)

06 (직사각형 1개의 넓이)$=27 \times 11 = 297$ (cm²)
겹쳐친 부분의 넓이를 □ cm²라 하면,
(도형의 넓이)
$\quad =$ (직사각형 2개의 넓이)$-$(겹쳐친 부분의 넓이)
이므로 $297 \times 2 - □ = 530$, $594 - □ = 530$,
□$=64$입니다. $8 \times 8 = 64$이므로 정사각형의 한
변의 길이는 8 cm입니다.

07 삼각형의 밑변의 길이가 ㉠ cm일 때 높이는
15 cm입니다.
➡ ㉠$\times 15 \div 2 = 150$, ㉠$\times 15 = 300$, ㉠$=20$
삼각형의 밑변의 길이가 25 cm일 때 높이는
㉡ cm입니다.
➡ $25 \times ㉡ \div 2 = 150$, $25 \times ㉡ = 300$, ㉡$=12$
따라서 ㉠$-$㉡$=20-12=8$입니다.

08

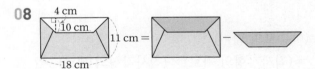

(편지 봉투의 넓이)$=$(직사각형의 넓이)
$\qquad\qquad\qquad\quad = 18 \times 11 = 198$ (cm²)
(색칠하지 않은 부분의 넓이)
$\quad =$ (사다리꼴의 넓이)
$\quad = (18+10) \times 4 \div 2$
$\quad = 56$ (cm²)
$\qquad$ ➡ (색칠한 부분의 넓이)
$\qquad\quad =$ (직사각형의 넓이)$-$(사다리꼴의 넓이)
$\qquad\quad = 198 - 56 = 142$ (cm²)

09 6 m$=400$ cm, 4 m$=400$ cm입니다.
$600 \div 40 = 15$, $400 \div 25 = 16$이므로
벽의 가로는 15장, 세로는 16장의 벽지로 나누어
집니다.
따라서 필요한 벽지는 $15 \times 16 = 240$(장)입니다.

10 (집의 전체 넓이)$=(3+6+7)\times(8+6)$
$\qquad\qquad\qquad=16\times14=224\ (m^2)$
(주방 및 거실을 제외한 방의 넓이)
$\quad=(3\times4)+(6\times4)+(7\times8)+(5\times6)$
$\quad=12+24+56+30=122\ (m^2)$
$\Rightarrow$ (주방 및 거실의 넓이)
$\quad=224-122=102\ (m^2)$

11 (사다리꼴 ㄱㄴㄹㅁ의 넓이)
$\quad=$ (삼각형 ㄱㄴㄷ의 넓이)$\times5$
$\quad=6\times12\div2\times5=180\ (cm^2)$
선분 ㄴㄹ의 길이를 $\square$ cm라 하면
$(10+\square)\times12\div2=180,\ (10+\square)\times12=360,$
$10+\square=30,\ \square=20$입니다.
$\Rightarrow$ (선분 ㄷㄹ의 길이)$=20-6=14\ (cm)$

12 직사각형의 가로를 $\square$ cm라 하면
$(\square+18)\times2=92,\ \square+18=46,\ \square=28$입니다.
(마름모의 넓이)
$\quad=$ (직사각형의 가로)$\times$(직사각형의 세로)$\div2$
$\quad=28\times18\div2=252\ (cm^2)$
$\Rightarrow$ (색칠한 부분의 넓이)$=$(마름모의 넓이)$\div4$
$\qquad\qquad\qquad\qquad\quad=252\div4=63\ (cm^2)$

13 (사다리꼴 ㄱㄴㄷㄹ의 넓이)
$\quad=(15+7+18)\times10\div2=200\ (cm^2)$
사다리꼴 ㄱㄴㄷㄹ의 넓이는 사다리꼴 ㄱㄴㅂㅁ
의 넓이의 4배이므로
(사다리꼴 ㄱㄴㅂㅁ의 넓이)$=200\div4$
$\qquad\qquad\qquad\qquad\qquad=50\ (cm^2),$
(사다리꼴 ㅁㅂㄷㄹ의 넓이)$=200-50$
$\qquad\qquad\qquad\qquad\qquad=150\ (cm^2)$입니다.
선분 ㅁㄹ의 길이를 $\square$ cm라 하면
$(\square+18)\times10\div2=150,\ (\square+18)\times10=300,$
$\square+18=30,\ \square=12$입니다.
따라서 선분 ㅁㄹ의 길이는 12 cm입니다.

14 변 ㄷㄹ의 길이를 $\square$ cm라 하면
(삼각형 ㄱㄴㄹ의 넓이)$=10\times\square\div2$
$\qquad\qquad\qquad\qquad\qquad=25\times8\div2=100,$
$10\times\square=200,\ \square=20$입니다.
$\Rightarrow$ (사다리꼴 ㄱㄴㄷㄹ의 넓이)
$\quad=(10+15)\times20\div2$
$\quad=250\ (cm^2)$

15 (직사각형의 넓이)
$\quad=$ (도형의 넓이)$-$(정사각형 2개의 넓이)
$\quad=1124-(16\times16+10\times10)$
$\quad=1124-(256+100)=768\ (cm^2)$
직사각형의 가로가 $58-16-10=32\ (cm)$이
므로 세로는 $768\div32=24\ (cm)$입니다.
도형의 변의 위치를 옮기면 다음과 같은 직사각
형 모양으로 만들 수 있습니다.

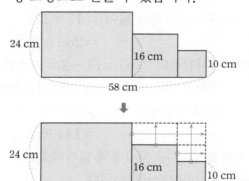

$\Rightarrow$ (도형의 둘레)
$\quad=$ (가로가 58 cm, 세로가 24 cm인 직사각
$\qquad$형의 둘레)
$\quad=(58+24)\times2=164\ (cm)$